从零开始学

人工智能

谷建阳　编著

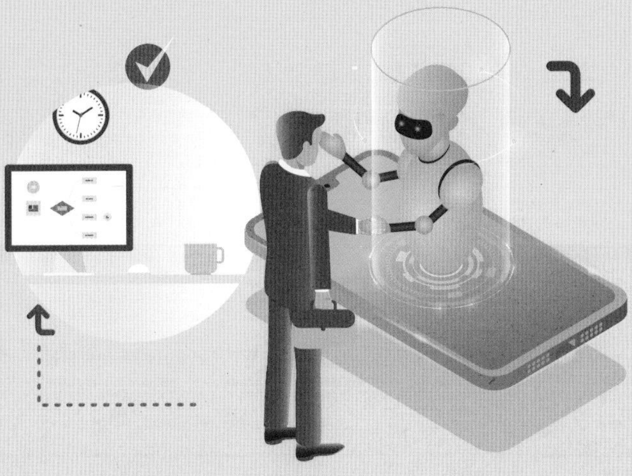

清华大学出版社
北　京

内 容 简 介

如何从零开始，全面了解人工智能（AI）的前世今生？

如何掌握技术，逐步实现人工智能数字化发展？

如何抢占市场，全面发展人工智能产业和设备？

本书通过12个专题、170多个知识点，帮助您从AI小白变成智能高手。

书中详细讲解了人工智能的基本知识和技术制造，再从互联网三大巨头入手，从10个方面重点介绍了在人工智能方面的产业布局，具体包括智能家居、智能手机、智能办公、智能穿戴、智能出行、智能零售和其他领域，希望帮助您快速入门，精通人工智能知识。

本书结构清晰，不仅适合人工智能新手掌握AI的基本方法，快速了解人工智能的相关技术，更适合帮助在人工智能行业遇到瓶颈的技术研究者和企业管理者解决难题，提高自身的专业水平。

图书在版编目(CIP)数据

从零开始学人工智能 / 谷建阳编著. —北京：清华大学出版社，2021.7（2025.3重印）

ISBN 978-7-302-58729-3

Ⅰ. ①从… Ⅱ. ①谷… Ⅲ. ①人工智能—普及读物 Ⅳ. ①TP18-49

中国版本图书馆CIP数据核字(2021)第142742号

责任编辑：张　瑜

封面设计：杨玉兰

责任校对：李玉茹

责任印制：宋　林

出版发行：清华大学出版社

网　　址：https://www.tup.com.cn，https://www.wqxuetang.com

地　　址：北京清华大学学研大厦A座　　**邮　　编：**100084

社 总 机：010-83470000　　**邮　　购：**010-62786544

投稿与读者服务：010-62776969, c-service@tup.tsinghua.edu.cn

质量反馈：010-62772015, zhiliang@tup.tsinghua.edu.cn

印 装 者：小森印刷霸州有限公司

经　　销：全国新华书店

开　　本：170mm×240mm　　**印　　张：**15.5　　**字　　数：**298千字

版　　次：2021年8月第1版　　**印　　次：**2025年3月第6次印刷

定　　价：59.80元

产品编号：089080-01

前言

目前，人工智能正处于一个新风口之上，产业空前繁荣，热潮居高不下。

人类计算一个复杂问题可能需要两个月，而人工智能算法可能只需要一秒钟；长途旅行时，人类驾驶车辆不仅劳累且坚持时间不长，而采用人工智能技术，你只需要在车里睡大觉。

人工智能已经悄然融入我们的生活。例如，美颜相机里的一键美颜功能、微信里的聊天伴侣、手机里的语音助手、公司里的人脸识别考勤机、会议室里的智能鼠标和点外卖时的无人配送车，甚至是脚上的智能跑鞋，人工智能已经出现在我们生活的方方面面。

有很多读者想要系统地了解人工智能，但是又不知道从何下手，因此，作者在这里从三个方面与大家分享：基本概要、产业应用和未来发展。

1. 基本概要

基本概要共包括两个方面，即人工智能的基础知识和技术制造。

（1）基础知识：读者可以对人工智能有一个初步的印象，了解机器的思维和意识，熟悉人工智能的三要素，知晓人工智能发展的四次高潮，以及它在行为、结构、产业和企业管理上的实际意义。

（2）技术制造：俗话说，知其然还要知其所以然。仅仅了解人工智能的基础知识是不够的，还要了解其核心技术，才能更好地运用它。人工智能的核心技术是其产业链发展的重中之重。本书对人工智能的三大核心技术和八大基本技术进行了详细的讲解，希望能对读者有所帮助。

2. 产业应用

产业应用是本书的重点。人工智能的产业应用主要包括七个方面，即智能家居、智能手机、智能办公、智能穿戴、智能出行、智能零售和其他领域。总体来说，又可以将其分为两个板块，一是行业平台应用，二是产品应用。

（1）行业平台应用：将人工智能技术与所在行业充分融合，就可以打造一系列智能产品和设备。企业需要通过了解外部市场环境，来评估自身人工智能技术在这种大环境背景下的应用机会。所以，本书介绍了七个方面各自行业发展领先的平台技术，适合每一个想要了解人工智能的读者阅读。

（2）产品应用：本书不仅纵向对比了不同企业在市场上的发展，还横向延伸了各企业在其行业对人工智能技术的充分运用，列举了各种智能产品。技术研发的最终目的是使产品落地，所以对人工智能产品的介绍占据了本书大量的篇幅。

以智能办公为例，首先表明智能办公的核心技术是数字化网络中心，然后介绍了四大智能办公平台，最后重点列举了一系列办公产品，让各位读者全面了解智能办公。

3. 未来发展

对人工智能未来发展的介绍包括两个方面，即商业模式及其新趋势。

（1）商业模式：从技术发展到产品落地，人工智能在给人类生活带来便利的同时，也收获了其在商业上的发展。本书全面解析了人工智能的五大商业模式和三大盈利模式，希望能给各位读者带来一些启发。

（2）新趋势：人工智能是未来新一轮科技革命的驱动力量，深深地影响了我们的生活，但同时也会带来一些问题。本书对这些问题进行了初步分析和讨论。

本书由谷建阳编著，参与编写的人员还有欧阳雅琪、苏高等人，在此表示感谢。由于作者知识水平有限，书中难免有疏漏之处，恳请广大读者批评、指正。

编　者

目录

第 11 章 商业模式：开辟更广阔的天地......209

第 12 章 人工智能：我们未来的新趋势......223

第 1 章

全面知晓：揭开人工智能（AI）的神秘面纱

人工智能的兴起是人类在科技路上探索的一个重大转折点。人工智能就在我们身边，但是许多人都不了解它。本章主要介绍人工智能的基本知识、历史概要和其研究价值，带大家一起了解人工智能。

1.1 入门概述：了解人工智能的知识

当人们提到人工智能的时候，大多数是在谈论什么呢？“智能”本是人类的冠名词，但加上“人工”，就变成了人类创造出来的赋予他类的智慧。人类是否能像女娲造人那样，创造出一个新的富有智慧的新物种？作者在这里留下一个悬念，这个问题还有待和读者们一起去探索。下面先带领大家初步了解人工智能。

1.1.1 机器思维：了解人工智能的本质

自 1950 年，艾伦 · 图灵（Alan Turing）发表了一篇名为“机器能思考吗”的论文起，人工智能时代就开始了。在半个多世纪的发展历程中，关于什么是人工智能，各派学术研究者进行了不同的界定。总体来说，主要分为两个派系。

第一个派系是从实际功能的角度出发。最典型的代表就是被誉为“计算机科学之父”的图灵，他认为“如果一台机器能够与人展开对话（通过电传设备），并且会被人误以为它也是人，那么这台机器就具有智慧”，这就是著名的图灵实验。

事实上，正式提出“人工智能”这一概念的另有其人，那就是被誉为“人工智能之父”的约翰 · 麦卡锡（John McCarthy），他在 1956 年的达特矛斯会议上首次提出，并认为这是“制造智能机器的科学与工程”。

自此，定义人工智能的第二个派系就出现了，那就是将“人工智能”定义为一门新的学科。如果你在百度百科中搜索“人工智能”，就会发现人工智能被认为是“计算机科学的一个分支”，如图 1-1 所示。

图 1-1　在百度百科中搜索“人工智能”

专家提醒

美国斯坦福大学计算机科学教授尼尔斯·约翰·尼尔森（Nils John Nilsson）是人工智能学科的奠基性科学研究者之一，他认为"人工智能是关于知识的学科——怎样表示知识以及怎样获得知识并使用知识的学科"。

人工智能的发展是在人类思维的矛盾中前行的，因此人工智能的本质也与计算有关，就是将人类思维的算法运用到机器上。其次，人工智能必须是技术与人类思维的结合产品。无论是机器学习还是人类学习，人工智能就是以一种算法，让机器模拟人类思维，从而形成的独立自主能力，但它不能超越和替代人类。

当今世界，人工智能越来越成为人们茶余饭后、乐此不疲讨论的话题，也影响着我们的生活。它的出现是人类社会发展的科学技术产物。不管怎样，人工智能将是人类社会未来发展的方向。

1.1.2 实践角度：了解人工智能的分类

从实践的角度来看，人工智能可以分为三类，即弱人工智能、强人工智能和物理人工智能，如图 1-2 所示。

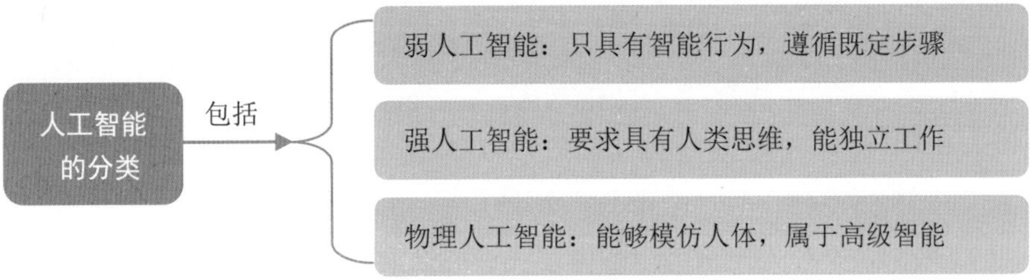

图 1-2 人工智能的分类

早期的人工智能就属于弱人工智能，例如国际象棋程序——深蓝，就是按照设置好的程序，按部就班地进行操作，那时的智能象棋还处于初级业余阶段。

2017 年，在中国乌镇，阿尔法围棋与排名第一的世界围棋冠军柯洁对战，以 3 比 0 的总比分获胜。此时，围棋界公认，阿尔法围棋的棋力已经超过人类职业围棋选手的顶尖水平。它通过两个不同的神经网络协同合作：一是预测棋盘，企图找到最佳的下一步；二是不断更新算法，评估每一个对战者赢棋的概率，这也是自主行为的一种表现形式。

强人工智能可以理解信息并能保持意识。要创造出一种能够像人类一样思考的机器是很难的，但能创造可以基于人类思维原理的机器人，然后任其发展。可以说，未来的机器可以发展思维，甚至拥有比人类更高级的思维。

与强人工智能不同的是，物理人工智能已经不是专注于模仿人的大脑，而是模仿人的行为，并且仿佛成为一个更聪明的人。现今，有不少影视作品专注于打造人工智能科幻大片，其中以美国发行的《西部世界》第三季尤为突出。

这是一个以“人工智能获得自主意识”为主题的科幻类连续剧，该剧高度还原了美国西部 17 世纪末的大场景，最重要的是全剧缜密的逻辑，以及对未来人工智能的预测方向，丝丝入扣，引人入胜，收获了一大批“科幻迷”。最终，第三季在豆瓣上还获得了 8.3 的高分，如图 1-3 所示。

图 1-3 《西部世界》第三季的豆瓣评分

1.1.3 新的里程：了解人工智能三要素

近年来，人类在人工智能上取得了飞速的发展，这得归功于人类对于数据研究的突破。数据的积累、计算机的升级换代以及算法的优化都在很大程度上提高了人造机器的自主化程度，这也是我们人类历史上一个新的里程碑。因此，数据、算力和算法统称为人工智能的三要素，如图 1-4 所示。

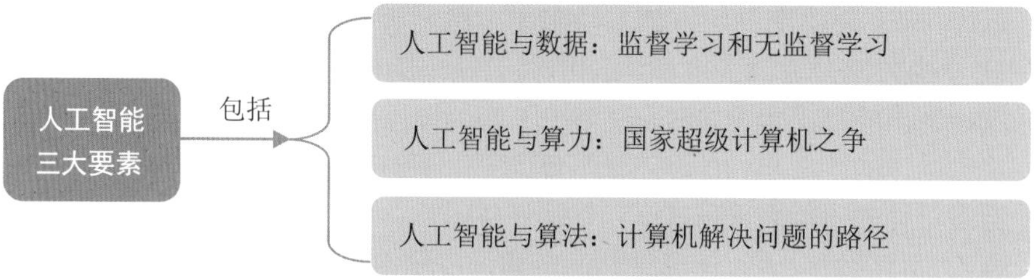

图 1-4 人工智能三大要素

1. 人工智能与数据

当前，人工智能的发展体现在机器学习上。机器学习的两种重要方式，一是监督学习，二是无监督学习，这两种方式都需要以海量数据为基础，将有标注的样本输入到机器里，样本越多，机器的自主化程度越高。

例如，AI 预报天气可以提前一周对台风进行预测，这一预测就是基于近期或者一年前，也可以是几年、几十年甚至更长时间的数据积累，再通过算法，提高预测的准确度。图 1-5 所示为 Himai-Ai 天气预报对未来一周的天气预测。

图 1-5 Himai-Ai 天气预报

2. 人工智能与算力

算力即计算机在一秒钟之内能够处理多少数据的能力。作为高科技发展的要素，超级计算机早已成为世界各国经济和国防方面的竞争利器。现在，国家间的人工智能之争已经在很大程度上演变为算力之争，中国科技工作者经过几十年不懈的努力，高性能计算机与人工智能的研制水平显著提高。

> **专家提醒**
>
> 超级计算机的研发水平，彰显着国家的科技实力，是世界各国想要一争高下的科技制高点。因此，国家高度重视超级计算机的研发，人工智能的发展也得到了国家的大力支持。

例如，我国超级计算机“神威 · 太湖之光”的持续性能高达 9.3 亿亿次 / 秒，峰值性能可以达到 12.5 亿亿次 / 秒，它一分钟的计算能力相当于全球 72 亿人口用计算器不间断计算 32 年，也有着“最强大脑”之称。它的所有核心部件均由中国制造，是中国计算机发展的又一大飞跃，如图 1–6 所示。

图 1–6　“神威 · 太湖之光”超级计算机

3. 人工智能与算法

算法是指计算机解决问题和执行命令的路径选择。不同的数学模型，计算机选择的算法路径也不一样，算法与模型已经成为人工智能系统的重要支撑。人工智能的相关算法类型众多，最常见的算法有回归算法、基于实例的算法、决策树算法、贝叶斯算法等。简单地说，就是通过各种演绎，利用这些数据模型，找到解决问题的最佳办法。随着数据模型的急剧增加，从大数据中发现并统计规律，进而利用这些统计规律解决实际问题的做法已经日益普遍。

1.2　历史脉络：人工智能的四次高潮

当我们在顺应时代向前看的时候，也不能忘记历史带给我们的经验教训。人工智能发展至今，共经历了四次高潮，每一次高潮都以不同的方式，颠覆了我们的行业生产，让其更深地融入我们的生活。

前两次高潮是人工智能兴起的黄金时代以及人工智能迅速发展的时期，人工神经网络的出现带给人们极大的改变，感知人工智能把我们的世界数字化，机器开始识别人体信息，理解人类语言，学习人类思维。

第三次高潮将彻底改变人类与现实物质世界的体验，模糊两者之间的界限。随着无人超市的出现，自动驾驶汽车的上路，无人机的飞天，人工智能的第四次高潮就来临了。这将进一步改变农业、金融、交通和餐饮服务等多个领域，影响人们生活的方方面面。

1.2.1　第一次高潮：互联网络的智能化

计算机人工智能可能已经牢牢吸引了你的视线。你是否还在快手或抖音等短视频中无法自拔？看到腾讯网站正好推荐了你想要看的电视剧有没有感觉惊讶？京东和淘宝怎么好像知道你想要买什么？

这就是计算机人工智能带来的影响。简单地说，就是计算机利用互联网络作为引擎，根据我们平时浏览的内容，了解、学习和研究我们的喜好，从而专门针对我们去推荐感兴趣的内容。

这一次高潮兴起于 2012 年左右，各大软件 APP 层出不穷，其中要数今日头条的发展最为迅速。创立于 2012 年的今日头条，有时候被称为“中国的 Buzzfeed”，因为其不仅仅是跟随热门话题，还都善于创造热门话题和内容，不管是幽默段子还是积极向上的正能量，每一条都会引来“病毒式传播”。Buzzfeed 的流行得归功于美国有一群善于炒作的编辑，而今日头条依靠的是人工智能算法。

今日头条的人工智能利用计算机在互联网上搜寻内容，利用算力和算法，整合来自合作伙伴或者平台写手的大量文章和视频，再根据用户以往的浏览记录，如点赞、阅读和评论等行为，针对他们的兴趣爱好和习惯定制专门的动态推送。

这个计算机人工智能算法甚至会修改标题，以获得超高点击率。点击率越高，定制的内容越符合用户的喜好，这是一个良性循环的过程，这个循环使得今日头条的用户平均每天都会在软件上逗留 74 分钟。例如，今日头条后台会对发布的作品进行阅读量的统计，以方便下一次更精准地推送，如图 1-7 所示。

图 1-7　今日头条在后台进行阅读量统计

今日头条的成功也展现了中国在计算机互联网领域的巨大潜力，采用人工智能互联网技术也使得中国互联网公司收获颇丰。

1.2.2　第二次高潮：大范围商用智能化

第一次高潮的主体是互联网公司给用户的浏览数据贴标签，这种方式创造的价值还仅仅局限于少部分有自主研发能力的高科技产业，传统的互联网小公司还没有从人工智能的发展中获利，普遍的获利是从人工智能发展的第二次高潮开始的，即大范围的商用智能化。

大范围商用智能化是给传统互联网公司数十年来累积的专业数据贴标签，如银行理赔、保险公司鉴别保险欺诈和医院保存患者记录等。这些活动产生了大量带有标签的数据，商用人工智能就是从这些数据库标签中挖掘其中的规律，使其高度相关，并试图找出它们的隐性联系，不断训练算法，使其超过经验丰富的人类从业者。

中国企业大多用自己特定的系统来保存数据，但从未认真接纳标准化的数据存储，这就导致数据的结构化整合十分困难。商用人工智能的发展给这些企业提供了一个新的路径，最典型的案例就是人工智能归纳整合信用卡使用记录和股价历史信息。这类产业有明确的优化指标，与人工智能十分契合。

例如，小笨智能发行的一款商用智能机器人，如图 1-8 所示。它不仅有个性化外观定制，可满足任何商务场景需求，还能主动迎宾，打印定制票据。

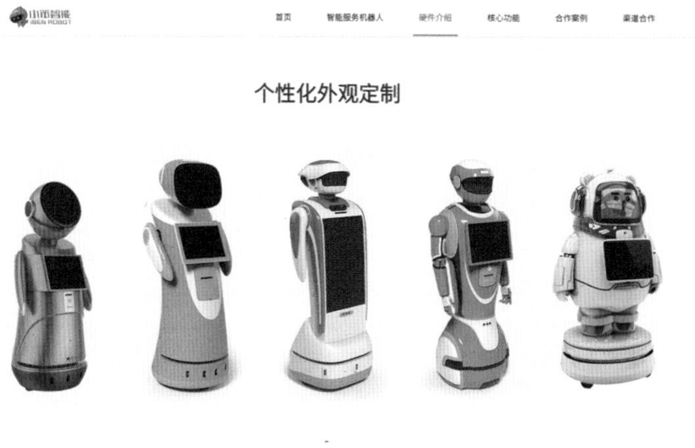

图 1-8　商用智能机器人

不断增加的海量数据使得算法不断优化，也使得人工智能的商用不断普及。将目标用户延伸至那些被传统企业忽视的人群，如低收入工作者和外来务工的年轻人。第二次人工智能对现实产业布局有着直接影响。

1.2.3 第三次高潮：实体世界智能优化

第二次人工智能算法的对象仍然是基于由人类行为产生的数据库，但第三次人工智能高潮彻底改变了这一点，赋予了机器人最宝贵的眼睛与耳朵。感知人工智能的出现改变了这一切，机器不再是简单地存储信息和执行命令，它们开始模拟人脑的运作方式，信息也变成了有意义的集群。

第三次人工智能就是模糊了机器与人类的界限，用大量的传感器和智能材料，把我们的现实世界数据化，其中要数 2017 年至 2019 年发展最为迅速。

1. 第一个拥有国籍的人工智能机器人

2017 年 10 月 26 日，智能机器人“索菲亚”被沙特阿拉伯授予公民身份，成为历史上第一个拥有国籍的机器人，如图 1-9 所示。索菲亚拥有仿生橡胶皮肤，可以识别人类的面部特征，如表情、动作等，同时还可以理解人类语言。

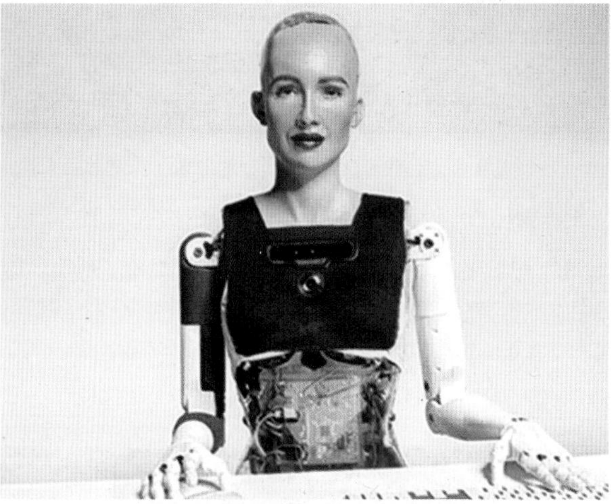

图 1-9 智能机器人“索菲亚”

2018 年 8 月 24 日，在线教育集团 iTutorGroup 聘请索菲亚担任人类历史上首位 AI 教师，开创在线教育新纪元。索菲亚最擅长的就是表达情绪，能够聪明地和人进行对话，这使得它成为媒体中的宠儿，被媒体评为“最像人的机器人”。

索菲亚获得公民身份的事件说明了人工智能越来越人性化，也预示着未来人工智能机器人与人类共存成为可能。

2. 2018 年：人工智能爆发元年

当时间进入到 2018 年时，人类在人工智能领域取得了一系列的进展和成果，那么这一年，人工智能领域究竟发生了哪些大事件呢？下面一起来看看吧。

1）百度：无人车亮相央视春晚

2018 年 2 月 15 日，百度阿波罗无人车在春晚的荧幕上震撼亮相。它引领着上百辆车在大桥上完成了“8 字交叉跑”这种高难度的动作，给全国观众带来了一场极具感官刺激的黑科技表演，如图 1-10 所示。

图 1-10　百度无人车队

2）阿里：发布杭州城市大脑 2.0

2018 年 9 月 19 日，在杭州云栖大会上正式发布杭州“城市大脑 2.0”。这其实是一个智慧城市系统，它可以连接分散在城市各个角落的数据，通过对大量数据的整理和分析来对城市进行管理和调配。城市大脑使得杭州市的交通拥堵情况得到了明显的改善，如图 1-11 所示。

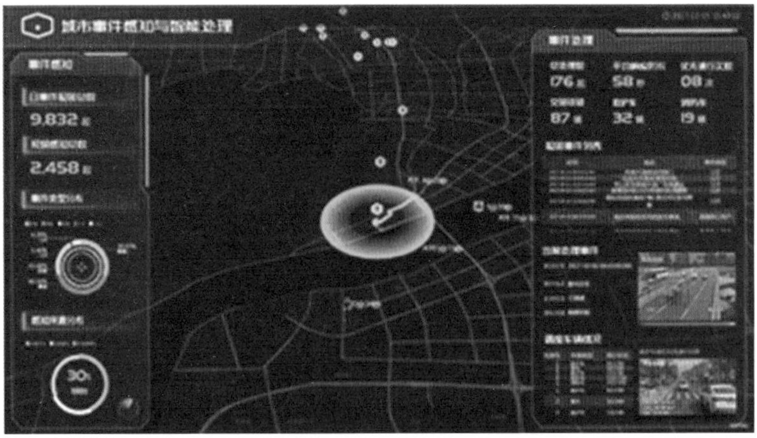

图 1-11　杭州“城市大脑 2.0”疏通交通拥堵

3）腾讯：发布 AI 辅诊开放平台

2018 年 6 月 21 日，腾讯正式发布国内首个 AI 辅诊开放平台，帮助医生提高常见疾病诊断的准确率和效率，为医生提供智能问诊、参考诊断和治疗方案等服务。通过 AI 医学影像，腾讯把 AI 人工智能在医疗领域所取得的成果慢慢惠及大众，例如肺癌、乳腺癌等疾病的早期筛查，如图 1–12 所示。

图 1–12　腾讯 AI 医学影像

4）新华社：首个“AI 合成主播”上岗

2018 年 11 月 7 日，在第五届互联网大会上，新华社联合搜狗发布了全球首个“AI 合成主播”。在大会现场，“AI 合成主播”顺利地完成了 100 秒的新闻播报工作，其屏幕上的样貌、声音和手势动作和真人主播一模一样，如图 1–13 所示。

图 1–13　AI 合成主播

3. 2019 世界人工智能大会

2019年8月29日至8月31日，世界人工智能大会在上海世博中心(主会场)举办，大会的主题是“智联世界，无限可能”，聚集全球智能领域的高端人才和社会精英，促进人工智能领域的技术交流与合作。例如，达闼科技提供的云端智能商业机器人能带领用户参观展览，如图 1–14 所示。

图 1–14　云端智能商业机器人

这次大会汇聚了世界 300 多家重量级企业参展，同比去年增加了 50%，16 家龙头企业成为战略合作伙伴，100 多家企业在大会上达成合作协议。在大会期间展示的科技产品涵盖智能手机、5G 通信、物联网和智能家居等多个领域，此次会议可以说是 2019 年人工智能领域的重要事件。

1.2.4　第四次高潮：自主机器数据优化

机器能够看到并感知我们的世界，就可以安全并有效地进行工作了。第四次高潮自主机器是前三次高潮的集大成者，也可能是顶峰，将复杂的数据与机器感知力结合起来，机器人能够代替人类自主操作，自动进行数据优化与更新，甚至获得比人类更高级的思维。跟其他三次人工智能高潮一样，第四次的改变不是瞬时的，可能历经数年之久。

有些读者可能会问：“这些领域不是早已实现机器自动化了吗？有些机器不是已经接手蓝领或者白领的工作了吗？”是的，在部分发达国家，机器基本已经替代了人力，但这些机器只是简单地移动，或者执行高度重复的工作，无法进行决策或者做突发状况处理。它们不能听也不能看，只能由人来控制。但是，当机器被赋予更多的视觉、触觉和处理数据的能力时，人工智能可以处理的工作范围就大幅度扩大了。

1.3 研究价值：人工智能的实际意义

人工智能的快速发展和广泛应用，给社会带来了翻天覆地的变化，改变了人类以往的劳动、生活、交往和思考等方式，这就是研究人工智能的实际意义，能够从根本上给人类的生活带来便利。人工智能的研究价值主要体现在以下 4 个方面。

1.3.1 行为方式：从 4 个方面改变生活

人工智能首先会改变人们的行为方式，而人们行为方式的变化主要有 4 个方面。接下来就进行详细讲解。

1. 改变劳动方式

目前，人工智能已在工业、农业以及物流等领域被广泛应用，人工智能改变了过去传统的人力劳动生产方式，由人工智能机器人代替人类的体力劳动甚至部分脑力劳动，实现了生产、工作自动化和智能化。

2. 改变生活方式

人工智能改变了人们的生活方式，智能家居的兴起和普及就是最好的证明。AI 也为人类的休闲娱乐生活提供了新的玩法，AI 系统已经被应用到各大游戏的开发中。现在，人工智能已经渗透到人们生活中的各个角落，为我们的生活提供方便，如苹果 Siri 等智能语音助手，如图 1-15 所示。

图 1-15　苹果 Siri 语音助手

另外，在工作会议中，我们经常会遇到自己手写速度跟不上汇报人说话语速的情况，而人工智能的语音识别技术就能解决这个问题，例如科大讯飞语音输入软件、语音听写技术等，如图 1-16 所示。

图 1-16　讯飞语音合成产品

3. 改变交往方式

人工智能使得我们的交通更加快速便利，沟通交流更加快捷方便。在未来，借助智能交通工具，普通人也可以去以前因地理条件限制而无法到达的地方，行程时间也进一步缩短。智能翻译系统和智能手机等通信工具让人们可以突破时空的限制，实现无障碍的实时沟通和交流。

4. 改变思考方式

人工智能会改变我们的思考方式，遇到不懂的就在网上用搜索引擎查询，这会使得人们越来越依赖于智能搜索引擎，而不再去主动思考，对资料和工具书的依赖程度也有所减少。

虽然如此，人工智能也让人类的视觉、听觉等感官范围大为拓展，使得人们认识和感受到以前从未接触过的世界，这必然导致人们的传统思维观念发生改变，推动思想的启蒙和解放。

1.3.2　结构层次：社会发展的必要性

人工智能机器人的发明和诞生将改变社会的层次结构，主要表现在以下 3 个方面。

1. 社会结构越来越简化

人工智能是社会发展与进步的必要因素，它给社会管理提供了便利，采取公开公正的智能管理模式，也有利于人类文明的进步，使政府的社会管理能力和效率更强。

人工智能在公共政务服务领域的应用越来越广泛，例如智慧政务服务自助终端机，如图 1-17 所示。通过自助终端智能刷脸或身份认证，可实时查询近两百项审批事项的进度，办理社保、医疗、教育和养老等公共服务和便民服务事项，从根源上解决了人们的空间和时间限制问题，切实履行了让“数据多跑路、群众少跑腿”，让人性化的服务落到实处。

图 1-17　智慧政务服务自助终端机

智慧政务一体化的出现，简化了人们办理政务的步骤，极大地节约了办事的时间，真正实现了“简单事情简单办”，同时也可以提升政务服务中心人员的服务品质和形象。

2. 提升社会治理的水平

借助人工智能平台，能够提高社会治理的水平，所以人类作为社会治理的主体管理者，要学会与人工智能相处，并适应不断变化的治理模式和管理结构。

为了进一步提升社会治理的公平公正，让人民群众更多地参与进来，在社会治理过程中，可以借助人工智能更快的数据计算能力，为管理决策者提供更多的科学依据。与此同时，人工智能也促使政府职能发生转变，使得社会治理向智能化方向发展，推动政府公共服务面向全部人民群众。

在网络、大数据、算力和算法等信息技术的支撑下，已经实现了人与机器、

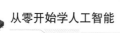

人与物质的有效互动和智能连接，通过挖掘数据库和打造各种智能平台，可为政府治理和决策提供风险预警、问题应急处理的依据，对已有的社会治理资源进行有效整合，共同创建一个良好的社会治理的信息交互平台。

3. 创新与改变社会关系

社会关系不仅仅是指人与人之间，还有人与社会物质或者社会环境之间的交流互动，以及获取资源、实现社会价值的过程。

人工智能让人与人之间的交流不再依靠面对面或者书信的方式，通过优化移动通信方式、各种社交媒体和虚拟网络等方式，可以为人类打造更加开放透明，更加信用安全的社交环境，满足信息科技飞速发展时代的人性化需要。

1.3.3 产业结构：推动经济迅猛发展

科技的进步是影响产业结构变化的主要因素之一，而人工智能技术的发展会带动产业结构的优化和升级，成为经济增长的重要推动力。

1. 推动传统产业的发展

人工智能具有强大的创造力和增值效应，它能够实现传统产业的自动化和智能化，从而促进传统行业实现跨越式的发展，对行业的多元化发展具有重要意义。例如，人工智能与传统家居的结合，促成了智能家居的产生；人工智能与传统物流的结合，形成了智慧物流体系。

2. 创造新的市场需求

人工智能带动了产业的发展，也相应地会出现新的消费市场需求。随着人工智能技术的深入发展和广泛应用，已经生产出许多新的智能产品，例如智能音箱、无人机以及智能穿戴等，从而刺激了消费需求，带动了经济的增长和发展。

3. 产生新的行业和业务

人工智能的兴起和发展产生了一批新的行业和业务，对产业结构的升级产生了重大的影响，改变了产业结构中不同生产要素所占的比重，推动了产业结构的优化和升级。现在，人工智能已然成为各大企业巨头的重要发展战略，它们纷纷进行自己的人工智能产业布局，开拓新的业务。

人工智能虽然会取代部分劳动力的工作，但也会产生一大批新的职业和岗位，为人们提供新的就业机会。

1.3.4 企业管理：提高效率降低成本

除了生活和教育方面，人工智能在企业管理方面也发挥着一定的作用。下面，我们一起来了解一下人工智能与企业管理方面的相关内容。

1. 降低绩效管理成本

绩效考核是企业管理中一个非常重要的环节和组成部分，过去，传统的绩效考核管理方法虽然行之有效，却要耗费大量的人力成本。而且，由于整个绩效管理过程都是由人工来完成，就不可避免地会影响考核结果的客观公正性。

人工智能的发展为企业的绩效考核管理提供了新的技术和方法，例如指纹考勤打卡、人脸识别打卡、智能打卡机器人以及软件打卡等。通过人工智能技术能够避免人为因素的干扰，使企业绩效考核更加客观、公正，提高绩效管理的效率。

在一些大企业中，已经有利用智能打卡机器人来进行考核的应用案例了。通过摄像头扫描人脸信息，并与企业系统储存的员工信息和数据进行对比，识别完身份后，会在机器屏幕上显示员工的信息，如名字和工号。不仅如此，它还会对该员工进行语音问候，比如“某某，早上好”“下班了，您辛苦了”。这样不仅显得非常人性化，而且降低了人工成本。

2. 降低企业生产成本

降低生产成本是企业增加利润的手段之一，因为人工智能机器设备可以取代人工从事那些简单重复性的流水线作业，所以就可以直接降低员工雇佣成本。这样还能避免员工因个人因素而导致的工作失误，提高生产效率。基于这些好处，各大企业及生产厂家都在大力引进人工智能生产设备，推行自动化生产。图 1-18 所示为自动化生产车间。

图 1-18　自动化生产车间

3. 降低企业人工成本

在互联网企业中，通过人工智能技术开发出人工智能客服，可以实现 24 小时在线，节约人工客服成本。人工智能客服能够根据用户的问题自动为其匹配生成最佳的答案，解决用户疑惑，如图 1-19 所示。

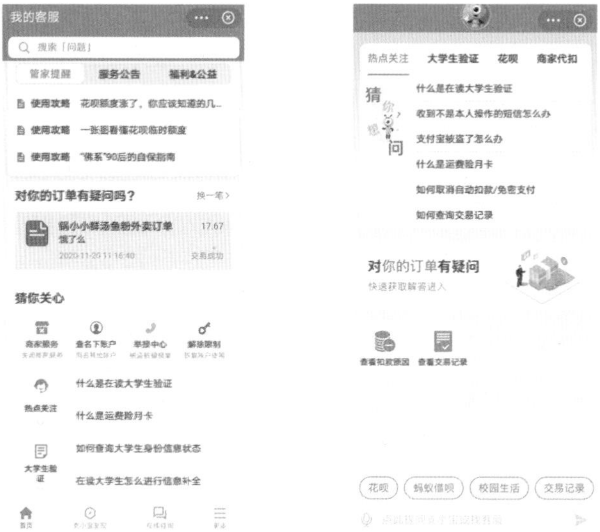

图 1-19　人工智能客服

除了人工智能客服以外，无人仓也是企业利用人工智能技术，降低人工成本的又一新举措，例如京东的无人仓。2018 年 5 月，京东首次公布了无人仓建设的世界级标准。通过无人仓中的智能控制系统，使无人仓的仓储运营效率达到传统仓库的 10 倍，实现作业无人化、运营数字化以及决策智能化的目标，如图 1-20 所示。

图 1-20　京东的无人仓

又如，亚马逊公司的仓库里还包含着各种机械臂，如图 1-21 所示。在新泽西州佛罗伦萨的仓库里，8 台机械臂在不间断地运作，将大批量的商品分类，然后分发至各地的亚马逊配送中心。尽管研发和安装的成本较高，但它能带来的收益是巨大的，在长期的发展收益中，这些成本可以忽略不计。

图 1-21　亚马逊公司的仓库

第 2 章 技术制造：深入挖掘核心科技

小到芯片，大到汽车装配，你是否还在为它们的能力惊叹？但这只是刚刚开始，技术的发展会让人工智能在我们的生活场景中出现得越来越频繁。那么，这些智能机器人究竟运用了什么技术呢？下面跟随作者一起来看看吧。

2.1 核心技术：人工智能的三项能力

山城一本作为世界人工智能领域的大咖，他发明的 Ponanza 程序，与美国 IBM 公司的国际象棋超级电脑“深蓝”、谷歌旗下的阿尔法狗（AlphaGo，也称阿尔法围棋）并称为人工智能史上的三大标杆。同时，他提出了人工智能的三大核心技术，即机器学习、深度学习和强化学习，如图 2-1 所示。这三大核心技术究竟代表着什么？下面将逐一为您解读。

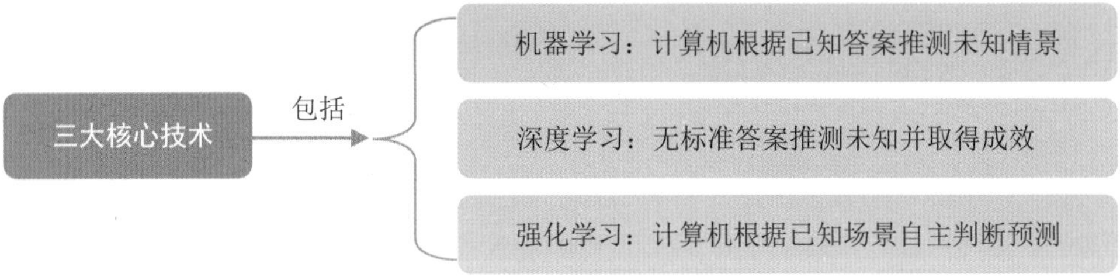

图 2-1　人工智能的三大核心技术

2.1.1 机器学习：人工智能的主观能动

什么是机器学习？相信大家上学的时候，都听过老师的一句话：“只要自己想学，就没什么学不好的。”这句话就是强调了人的自主学习意识，只有自己想要去做，才能达成某个目的。

机器学习也是如此。对于电脑来说，机器学习就相当于赋予了电脑的主观能动性。在机器学习技术普及之前，电脑只是单纯依靠程序员输入的数据进行学习，至于能够学习到什么程度，完全依赖于程序员教到什么程度。例如，电脑在下围棋时，只有程序员把棋谱变成数据输入电脑之后，电脑才能学会下棋。

人类可以从遇到的事情中累积经验，从而获得大量的知识，但是计算机没办法做到“阅人无数”。

可以假设一下，若是计算机能马上学会新知识，并能独当一面，那么计算机就能以类似人类的思维，解决很多复杂多变的问题，甚至能考虑更多的可能性，做出更准确的判断。

那么，应该怎样教会机器学习呢？在这里，我们就可以给机器学习下一个定义了：机器学习就是利用算法指导机器利用输入的数据得出模型，并使用此模型对新的事件得出判断的过程。

人类文明已诞生数千年，文化数据不胜枚举，因此这种信息输入的工作不能完全由传统电脑来代替，所以机器学习技术对人工智能的发展非常重要，它的意义在于机器从原来的“要我学”，变成现在的“我要学”。

2.1.2 深度学习：模仿人类的行为

监督学习就像是高考前做的模拟测试题一样，通过不断修改标准答案来获得更高的分数。数据就像是监督计算机的老师，所以称为“监督学习”。

而深度学习是无监督学习的一种，它基于人工神经网络，模仿人的行为来处理数据，如图像、声音和文本。我们在外部接收信息，然后会对信息进行解读，这个过程看似简单，实际是一个抽象的过程。

莎士比亚有句名言：“一千个读者眼中就会有一千个哈姆雷特。”每个人所接受的教育不一样，立场不一样，对事情的理解也是不一样的。所以，深度学习是通过整合低级信息特征，从而形成更加抽象的高层数据来表示事物的属性特征。

从另一方面来说，机器学习使计算机拥有了自动学习的能力，而深度学习是使计算机能够像人类那样抽象思考。

无监督学习就是说输入了数据样本，却没有正确地输出结果。这就像做了很多套高考模拟测试题，却没有正确答案进行核对。听起来是不是非常有难度而且很不靠谱？无监督学习常常被用于处理大量无标签数据，十分善于做数据挖掘。

例如，可以在不给任何额外提示的情况下，只输入“狗”这个关键字，就能把所有关于狗的图片从海量的数据中区分出来，如图 2-2 所示。

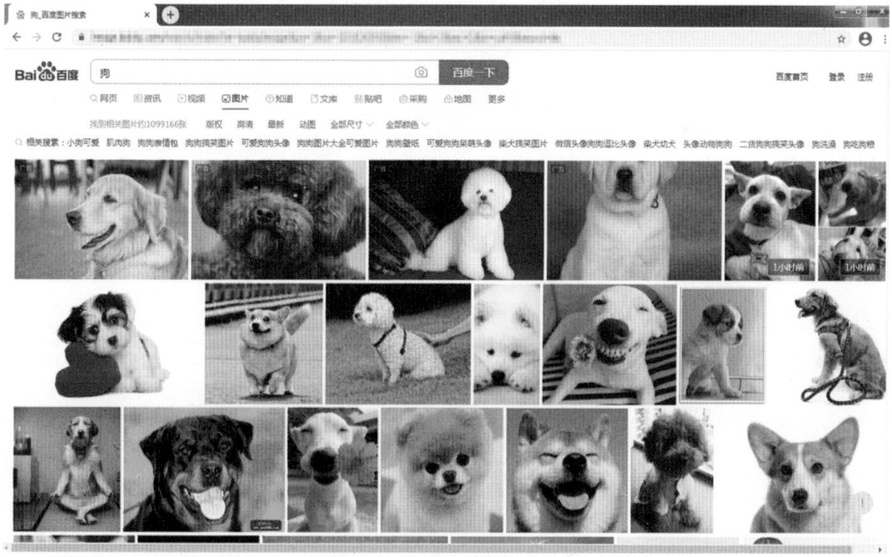

图 2-2 无监督学习示例

今日头条也是深度学习的一大案例。例如，今日头条按照内容结构的不同分成直播、图片、科技、娱乐、游戏、财经和体育等不同的标签，这就是深度学习中的一种，如图 2-3 所示。

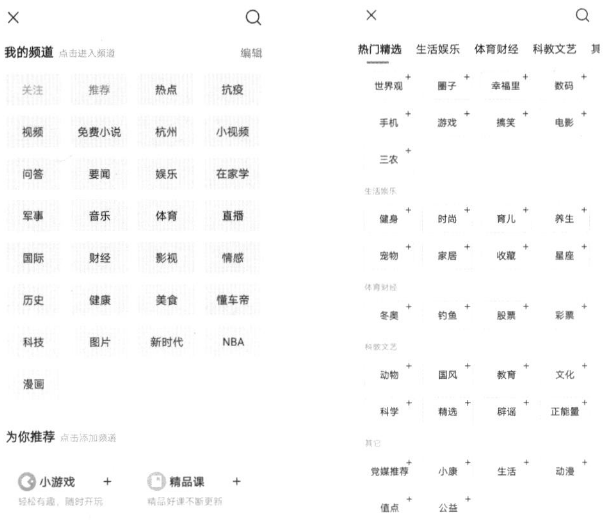

图 2-3　今日头条标签

2.1.3　强化学习：机器预测判断的能力

首先，这里为大家介绍一下强化学习的 7 个基本元素，如图 2-4 所示。

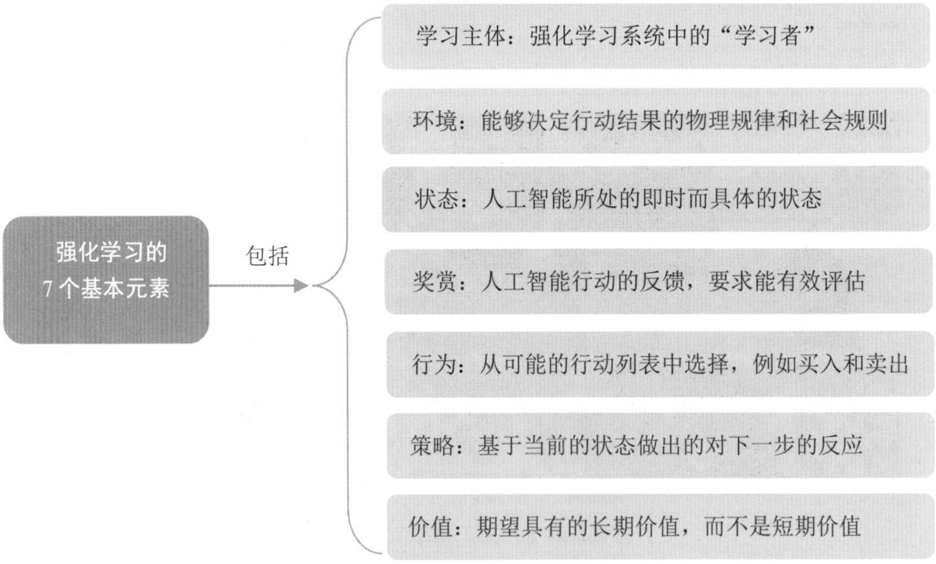

强化学习的
7 个基本元素
包括
学习主体：强化学习系统中的“学习者”
环境：能够决定行动结果的物理规律和社会规则
状态：人工智能所处的即时而具体的状态
奖赏：人工智能行动的反馈，要求能有效评估
行为：从可能的行动列表中选择，例如买入和卖出
策略：基于当前的状态做出的对下一步的反应
价值：期望具有的长期价值，而不是短期价值

图 2-4　强化学习的 7 个基本元素

怎么去理解这几个词呢？下面为大家举个例子，如图 2-5 所示。

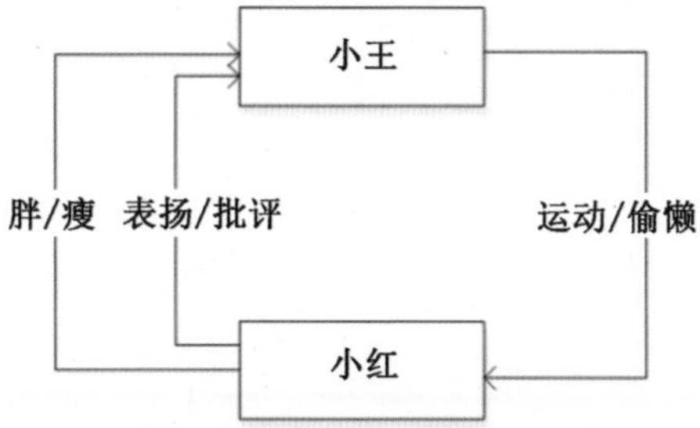

图 2-5　理解强化学习的要素示例

图 2-5 要表达的意思是，小王要减肥锻炼身体，小红负责监督，每天要达到相应的运动强度，小王要是做到了就给予表扬，没做到就得采取相应的惩罚并给予批评。在这个案例里，小王就是人工智能的学习主体，他的“行为”就是一个集合，他可以选择运动或是偷懒，这个选择就是“策略”。小红是这个行为的监督者，小王的“状态”由小红说了算，所以小红就是“环境”。久而久之，小王就会发现只有运动才能获得“奖赏”，从而创造出价值。

从上面的案例可以看出，强化学习强调的是决策的过程，尤其是连续决策性问题。这里的决策比较简单，就只是“运动”和“偷懒”这两个决策，而小红对小王的奖赏决定了小王会做出什么决策。

一般来说，人工智能要进行的决策有很多，而决策的目的就是奖赏的机制。例如，在图 2-5 的案例中，我们最终希望能达到的目的是小王成功减肥，那么设计者就会对小王的行为赋值，获得表扬就是“+1”，受到批评就是“-1”，而强化学习的最终目的就是获得更高的分数。

相信大家对《吃豆人》这个游戏并不陌生，就是控制游戏里的主角吃豆人把豆子吃掉，但是不能被鬼魂抓到，如图 2-6 所示。

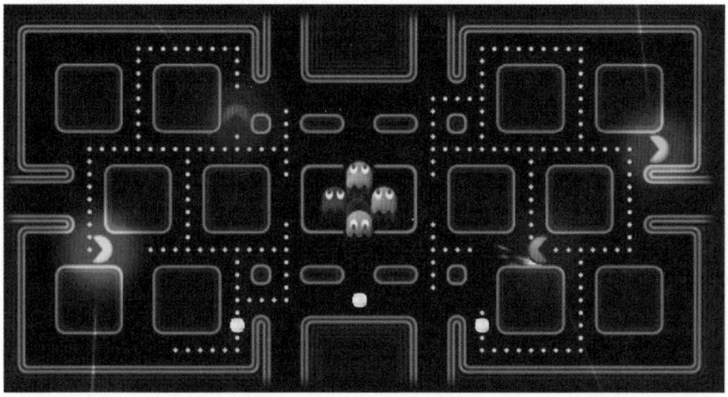

图 2-6　《吃豆人》游戏

这个游戏在 40 年前突然兴起，就在大家以为风潮就此过去的时候，2020 年 5 月，英伟达（NVIDIA）利用人工智能发布了首个能模仿计算机游戏引擎的新模型 GameGAN，它能在对游戏规则没有任何设定的情况下，通过观察人类玩家玩《吃豆人》游戏，自行领悟游戏规则，并设计出从未见过的游戏关卡。

这个游戏就是利用了人工智能的强化学习原理，经过无数次的模拟终于能够自主生成更加完美的关卡。

专家提醒

“我们最终将训练出一个 AI，它仅通过观看视频和观察目标在环境中采取的行动，就能学习和模仿驾驶规则及物理定律。”英伟达研究实验室主任 Sanja Fidler 认为，“GameGAN 是朝着这个方向迈出的第一步。”

2.2 基本技术：解析人工智能的架构

现在，各位读者对人工智能应该有了一个大概的了解，总体来说，人工智能就是人类创造出来的，能够模仿人类思维以及行为的超智能体。

下面将系统地解析人工智能的基本技术框架，让大家对人工智能有一个更深刻的了解。

2.2.1 自然语言处理：人工智能皇冠上的明珠

在作者看来，自然语言处理是人工智能在理解人类思维上必不可少的一座大山，也素有“人工智能皇冠上的明珠”之称。

自然语言，就相当于人类与机器自然沟通的桥梁，通过在两种语言之间的相互转换，能够实现高效的人机交流。它包含了语言学、计算机科学和数学等多个学科，是实现人与机器沟通的各种方法和理论。

人类的表达包括语音表达和文本表达，主要是看如何更好地实现理解目标，其中又包括语法分析和文本阅读；自然语言处理则侧重于怎样生成自然语言，主要包括翻译系统、信息的简化和系统问答对话等。这两者相辅相成，共同筑建了机器的语言系统，达到了人机交互的目的。

在智能问答系统中，工作人员能够通过自然语言处理技术，精准地分析用户需求，从而推送用户最需要的内容，有利于打造私人化、个性化的平台。

自然语言处理也是一个层次化分析与理解的过程，总体来说，可以分为 5 个层次，如图 2-7 所示。

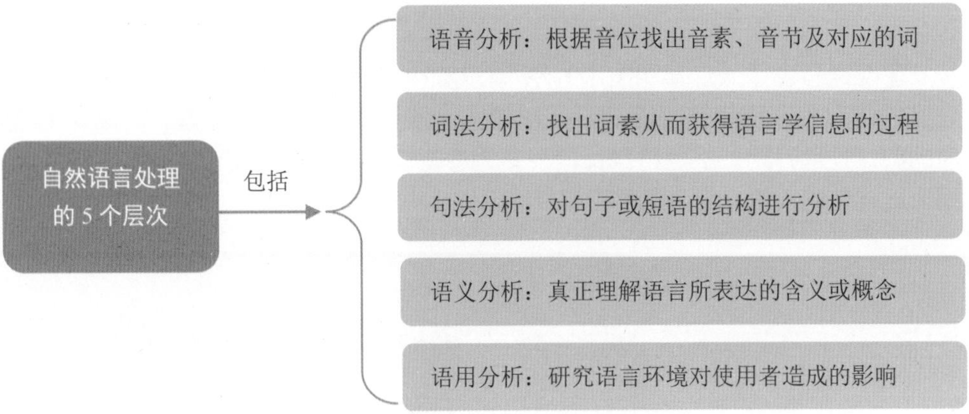
自然语言处理的 5 个层次
包括
语音分析：根据音位找出音素、音节及对应的词
词法分析：找出词素从而获得语言学信息的过程
句法分析：对句子或短语的结构进行分析
语义分析：真正理解语言所表达的含义或概念
语用分析：研究语言环境对使用者造成的影响

图 2-7　自然语言处理的 5 个层次

在人工智能领域，学术研究者普遍认为，图灵试验可以用来作为判断机器是否理解了某种自然语言的标准，具体内容如下。

第一，机器人能正确回答输入语言的有关问题。

第二，机器有能力正确生成输入语言的摘要。

第三，机器能用同义词或同义句式来复述其输入的语言。

第四，机器具有不同语种的翻译能力。

总体来说，就是机器具有回答问题、生成摘要、复述语言和翻译能力。这些内容性质不同但又相互交叉，对于我们更好地了解自然语言处理技术有着重要的意义。

2020 年 8 月 25 日，在百度大脑语言与知识技术峰会上，百度集团推出了 5 款新产品，其中一款就包括语义理解技术与平台文心 (ERNIE)，打开了 AI 语言新技术的大门。图 2-8 所示为百度语言与知识产品新发布示例。

百度语言与知识产品新发布
TextMind
UNIT
知识中台
ERNIE
语言与知识核心技术

图 2-8　百度语言与知识产品新发布示例

2.2.2 智能语音：了解人机交互三大性质

智能语音也是人工智能技术的基本框架之一。众所周知，人类大脑皮层每天处理的信息中，声音信息占 20%。一次从头到尾的人机对话流程，是从声音信息的前端处理开始，然后将声音信息转为数据文字，最后将语言转化为声波，从而形成完整的人机交互，如图 2-9 所示。

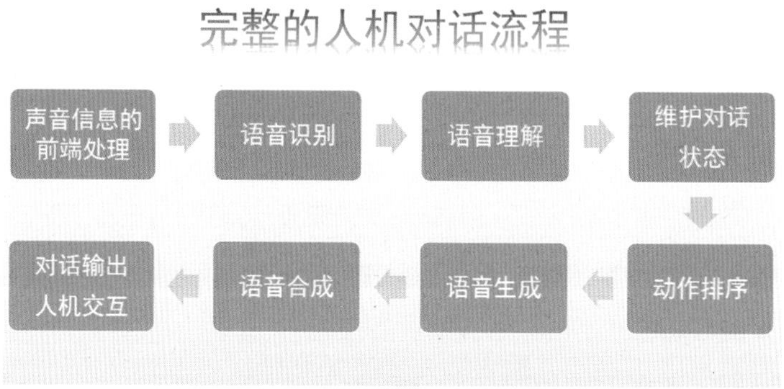

图 2-9 完整的人机对话流程

机器的“听觉”本质是对声音的特征进行分辨以及对文本的分类任务，即将字音规整为语言，挖掘语言的潜在语义。

需要注意的是，智能语音中的人机交互系统与传统软件相比，有很大的区别。人机交互系统还具有不确定性、不可控性和弱反馈性。

1. 不确定性

由于每个人的生活环境不一，个人的说话方式、口音、腔调和音色都不一样，这给智能语音识别带来了一定的困难。所以，语音识别的准确性不是百分之百的，这一点连深度学习也无法达到。而传统软件只需在界面上点击浏览，就可以得到相应的服务，所有的操作一目了然。

2. 不可控性

传统软件的界面具有引导和指示作用，用户只需跟着流程操作，具有可控性。而人机交互系统具有太多的不确定因素，例如用户随时可以从“我要查天气”跳到“我要点餐”，中间任何时间点、任务点，都是可以变化的，这也给智能语音技术带来了一定的难度。

3. 弱反馈性

当出现某个问题时，用户可以直观地在传统软件界面上看到是网络不流畅还是 404 错误，有一个较为直接的视觉感受。而当你使用智能语音产品时，若是一直没反应，你无法判断到底是网络问题，还是产品自身硬件问题，或是智能语音系统没有识别，误把你的声音当成了噪声，所以这样的反馈是很弱的。

这三大性质给智能语音的发展带来了一定的困难，为了提高用户体验，在进行产品设计时，一定要对各种技术严格把控，对各模块精益求精。

专家提醒

智能语音对人工智能来说，是很重要的一个板块，“听、说、读、写、译”缺一不可。人工智能提供了一种新的方式，即用数据达到某种目的，它将极大地改变人类的未来。那会是一个很不一样的世界，触摸一代会变成语音一代，不管是玩具还是汽车都能说话，人们会以为那是一个万物有灵的世界。

2.2.3 智能问答：集知识休闲娱乐为一体

要想了解智能问答，就不得不说它的发展历程，可谓是一波三折。

早在 2011 年的时候，人机对话功能还不完善，当时 iPhone 手机上的语音助手只能听懂你说的话，但无法理解你说话的意思，只能执行一些简单的操作，例如打电话给 ××，许多人只是觉得好玩，并没有太多的实际操作。

2014 年 5 月，微软推出了一款聊天机器人——小冰，只要你在微信公众号里关注它，就能和它闲聊，这时候的智能问答由实用转向娱乐，人们也放弃了语音交互，转而使用文本。

直到 11 月，任务型机器人出现了。Amazon（亚马逊公司）推出了一款新型智能音箱，可以让它查天气、听音乐和播放新闻，是基于特定的场景执行任务。这款音箱在国外迅速地火爆起来，紧接着国内也掀起了一股风潮。例如，2017 年天猫精灵的兴起，2018 年小度的发布，这些问答型机器综合了之前产品所有的功能，是集娱乐、闲聊和任务于一体的智能机器，极大地提升了用户体验。

如今，在日常生活中，智能问答被广泛用于客服、营销等频繁使用重复性对话的场景里，目的是为用户提供高效、个性化的服务，打造高端的私人体验，在智能家居里应用也十分广泛。

总之，智能问答的发展与人类科学技术研究者的刻苦钻研是分不开的，正是因为有了他们的付出，我们才能享受如此便捷的生活。

智能问答总体来说又分为 4 个模块，如图 2-10 所示。

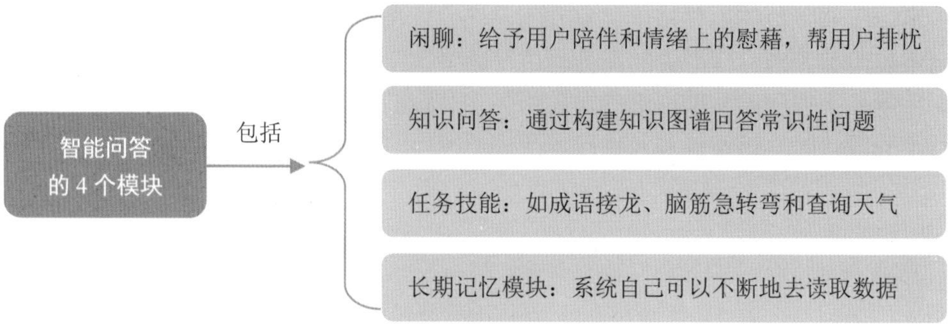

图 2-10　智能问答的 4 个模块

2.2.4　计算机视觉：具有巨大的发展前景

计算机视觉是人工智能主要的应用领域之一，对人工智能的发展具有重要意义。计算机视觉就是通过使用光学系统和模块处理，与人工智能相结合，来模拟人的视觉能力，并通过特定的装置捕捉三维信息和执行决策。自 2015 年以来，各国高端科技产业高度重视计算机视觉的发展，大量投入人力物力，并取得了不小的收获。

计算机视觉使机器的图像感知和认知能力有了大幅度的提升，应用前景十分广阔，商业变现潜力巨大，在身份认证、广告营销、医疗影像、安防和工业制造等方面有巨大的使用价值。

计算机视觉应用发展前景较好的企业主要可以分为三类，如图 2-11 所示。

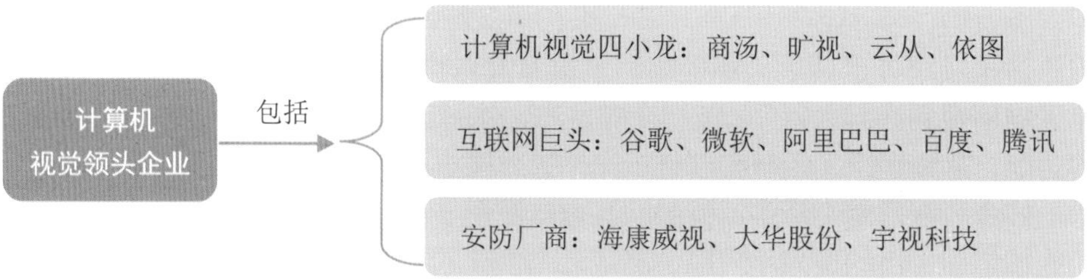

图 2-11　计算机视觉领头企业

如今，计算机视觉技术已基本实现了人工智能的“看得懂”，例如人脸识别，具体包括人脸检测、人脸对比、人脸关键特征检测、人脸属性、人脸活体检测等，都得到了广泛的发展，即实现了计算机的“看得懂”。

专家提醒

当前，人工智能理论和技术愈发成熟，相应的产业模式也在持续演变和趋向于多元化，使用范围不断扩大，商业模式正在逐步形成、不断丰富。

2.2.5 智能操作系统：有愉悦的用户体验

说起智能操作系统，大家可能首先想到的是苹果和安卓，当下的智能手机基本上就是使用的这两个系统，想必都有一定的了解，这里就不赘述了，下面主要来说说大家不知道的智能操作系统。

例如，2016年，卓易智能科技与竹间智能科技联合发布的，号称全球首个真正搭载人工智能的手机系统——Freeme OS 7.0，可实现人脸解锁和人脸识别趣味拍照等功能。在细节方面，智能短信、电影推荐、美食推荐和音乐播放等都可根据用户的日常喜好、生活状态等进行智能化推送和个性化服务，是一款全新的非常私人化的手机，让智能硬件与人的交互更加默契，如图2–12所示。

图2–12 加载 Freeme OS 7.0 的智能手机界面

在其他方面，智能操作系统也得到了很大的发展。例如，在自动驾驶领域，蔚来智能操作系统 NIO OS 就荣获了2020年德国红点“品牌与传播”设计大奖。图2–13所示为蔚来智能操作系统 NIO OS 应用示例。

这款操作系统可以保障界面的视觉美感，同时还兼具工程的严谨性，它采用了模拟驾驶技术、眼动测试以及心率测试等十余种专业方法。除此以外，蔚来还结合了许多用户的实际开车体验，经过不断反馈更新迭代，创造出一款各种驾驶场景中都能有愉悦驾乘体验的操作系统。

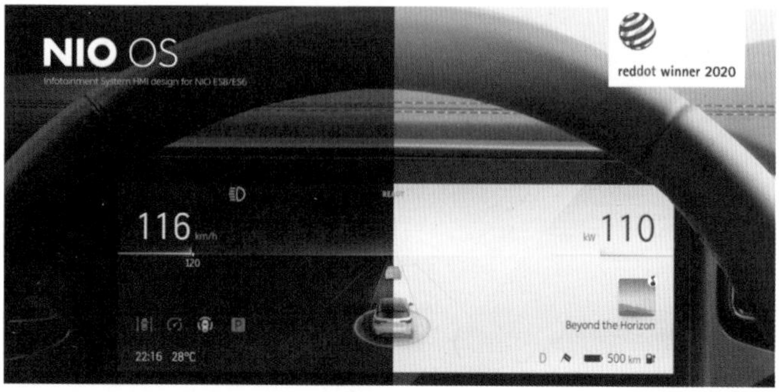

图 2-13 蔚来智能操作系统 NIO OS 应用示例

2.2.6 智能云平台：加强政府和城市建设

智能云平台较多地应用于政府和城市建设。例如南宁市利用政府“云管家”，防范政府债务风险，打造了全市一体化的政务在线平台，通过人工智能完成证照服务和智能审批等项目，如图 2-14 所示。

图 2-14 南宁市一体化的政务在线平台

通过智能云平台，政府还可以分散采集近 700 家事业单位或者国有企业的资产负债数据，采用高端云计算等科学技术合成电子动态演示图，一网掌控全市财政收支和重大项目进展，并实行动态监控。

2.2.7 智能大数据：高端的科学技术架构

目前，全球大部分的网络数据都是在近两三年之内，随着人工智能以及网络的不断发展而产生的，在未来的时间里，数据基数会越来越大，它的应用也会越来越广泛。正因为如此，人们又把数据比喻为人工智能时代的石油。

2020 年 9 月，华为人工智能大数据中心在成都高新区成功落户。据统计，总投资约 109 亿元，全产业链将支持华为自身研发体系，并满足行业上对于数据和算法模型的存储要求。作为高端科技企业，华为的这一举动，进一步表明了智能大数据平台在人工智能发展中的重要性。华为在数据共享方面也取得了很大的成就，在城市建设方面发挥了巨大作用，如图 2-15 所示。

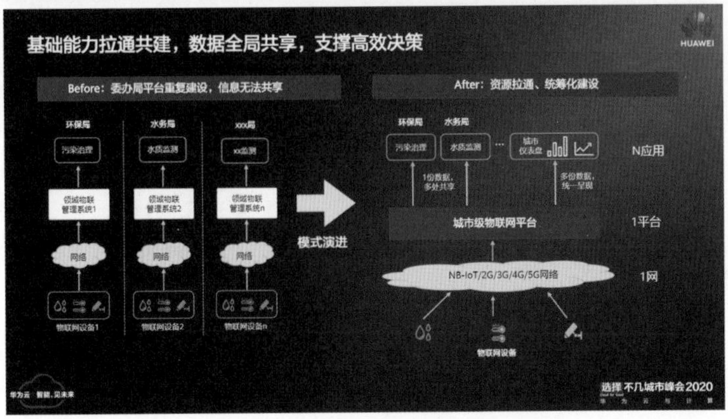

图 2-15　华为建设高效智能城市方案

另外，智能大数据在金融方面有着得天独厚的优势。随着大数据与具体业务的不断融合，各大公司与银行的合作开始向科技部门转变。公司开始以平台化和抽象化的产品为主，使客户能自主应对不那么复杂的场景。

下面以金电联行推出的通用型大数据智能平台为例，分析它们的技术架构，如图 2-16 所示。

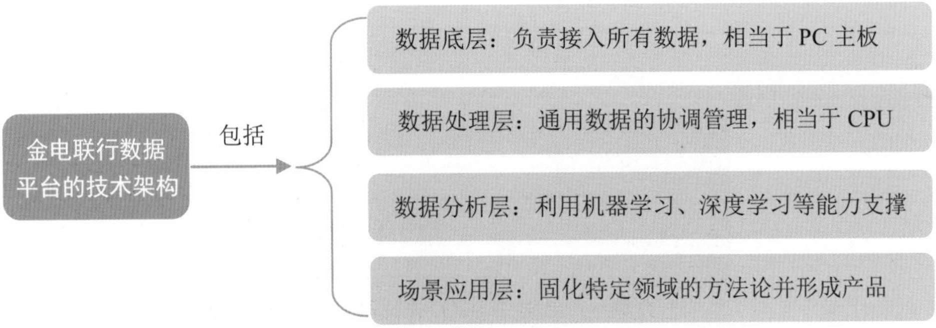

图 2-16　金电联行数据平台的技术架构

除此之外，智能云平台还能与国家扶贫资金项目数据对接，能进一步做到信息流畅、数据精准，在摸清家底的同时，进一步强化平台监管体系，为防范扶贫资金使用风险做出了重大贡献。

2.2.8 智能芯片：国产科技的全面崛起

作为人口和文化大国，我国在用户数据方面具有独特的优势，但在面对有限的规模、能耗和资源的限制下，很多企业开始研发智能芯片来处理海量的数据并不断优化算力和算法。

首先，必须说的是阿里巴巴第一颗自研芯片——含光 800，如图 2-17 所示。

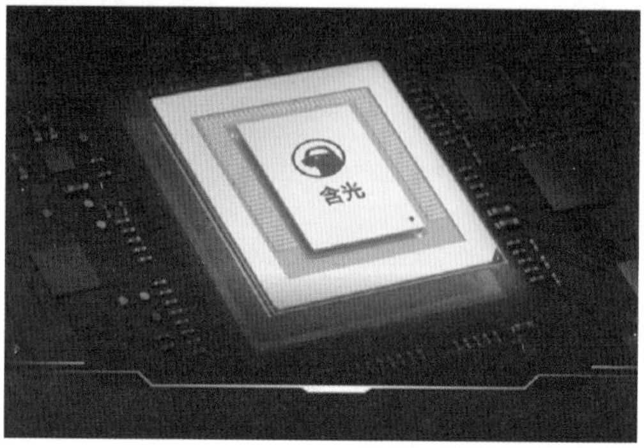

图 2-17　含光 800 芯片

据官方统计，1 颗含光 800 芯片的算力等于 10 颗电脑 GPU（Graphics Processing Unit，图形处理器），且它的推理性能为 78563 IPS（次指令 / 秒，是指每秒执行的指令数），号称是“全球最高性能 AI 推理芯片”，这一性能的实现归功于软件和硬件的协同创新。目前，该芯片主要应用于城市大脑或是阿里巴巴集团内部的多个场景，例如图像识别。当然，这还只是阿里集团在芯片行业跨出的第一步，未来还有很长的道路要走。

同样冠有“第一”头衔的，还有百度自主研发的中国第一款云端全功能 AI 芯片——百度昆仑，如图 2-18 所示。

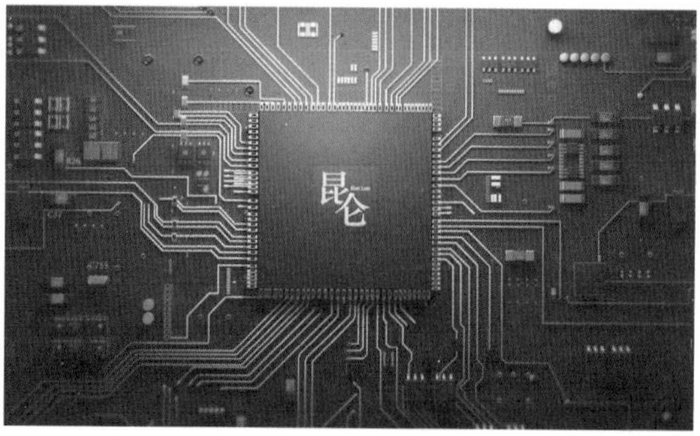

图 2-18　百度昆仑芯片

百度昆仑芯片采用通用AI处理器，具有高性能、低成本和高灵活性的特点。它能支持全部的AI场景及应用，并在2020年开始量产。目前，百度已成为人工智能界的重量级玩家，对人工智能的发展具有重要意义。

2.3 实际应用：改变生活的智能机器

在人工智能这股大潮流的推动下，我们的生活发生了翻天覆地的变化。那么，具体有哪些智能机器人？它们对我们的生活又做出了什么样的改变呢？下面跟随作者一起来看一看吧。

2.3.1 贝叶斯智能：多场景访客接待

越来越多的智能机器人出现在我们的生活中，不管是在景区提供导游服务，还是展览厅的导览讲解，都能看到智能机器人的身影。

例如，在常州固立高端装备创新中心的展览大厅里，放置了一台贝叶斯智能机器人，如图2-19所示。

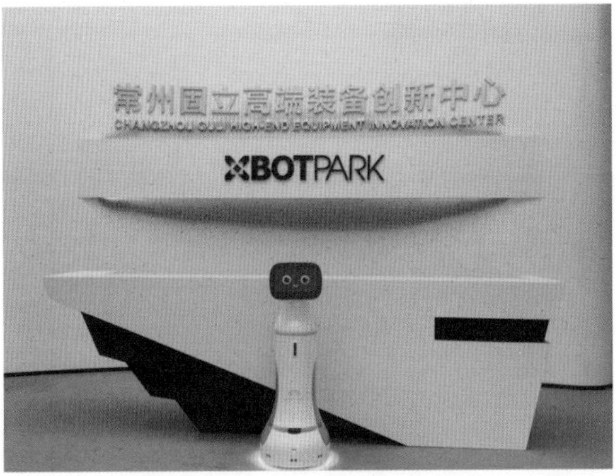

图2-19 贝叶斯智能机器人

这种智能机器人为新时代展览打开了新的大门。一方面，对于展览企业来说，能够在传统展厅的基础上加以变革，达到节约人力成本的目的，同时提升讲解效率和质量；另一方面，对于来访的观众来说，能够进一步提升参观体验，在获得对国家科学技术发展信心的同时，进一步加深对企业的认同感。

2.3.2 扫地机器人：房间清洁小怪兽

机器人的普及在很大程度上解放了我们的双手，扫地机器人，又称为懒人扫地机，就是一心一意把扫地这项工作当作奋斗目标的智能型机器人，如图 2-20 所示。

图 2-20　扫地机器人

要说清洁力度，应该没人能比得过它。不管是家具底部，还是房间角落，没有它到不了的地方。它还能 24 小时全天候不间断工作，不仅是所有家庭主妇的福音，还能帮助那些身体残疾或是行动不便的老人构建一个良好的生活环境。

2.3.3　餐饮机器人：一次性运送十盘

以前只能在电视或电影里面才能看到的送餐机器人，如今也出现在我们身边，如图 2-21 所示。

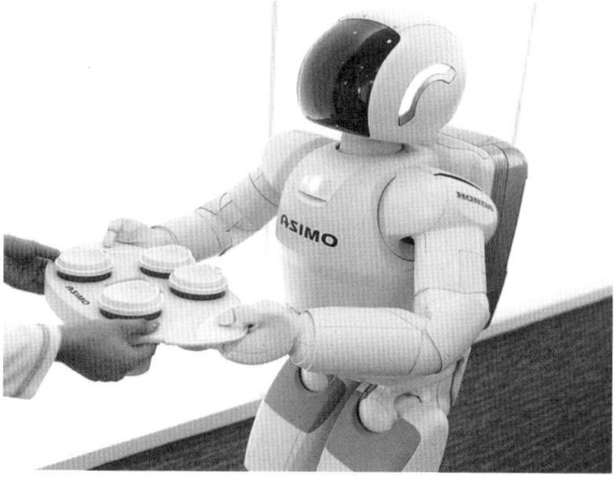

图 2-21　送餐机器人

一般来说，送餐机器人不仅大幅度提高了送餐效率，对于那些功能强大的机器人，还能一次性运送多达十盘以上的菜品，而且也能保障送餐过程的安全，降低失误的概率，减少成本，同时也能为顾客带来全新的体验。

另外，不仅仅是送餐，在厨房内部也出现了机器人的身影，如图 2–22 所示。

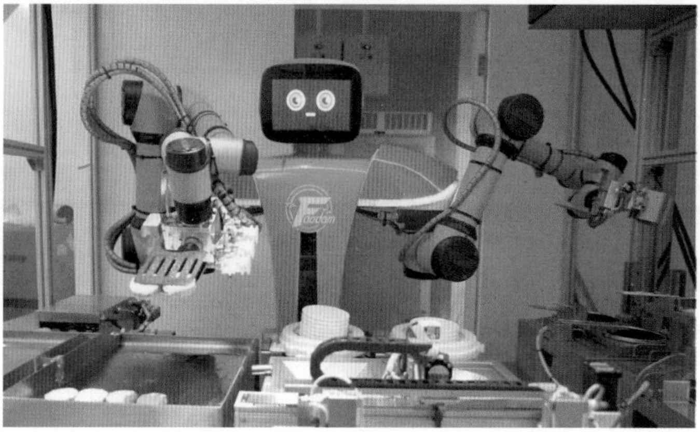

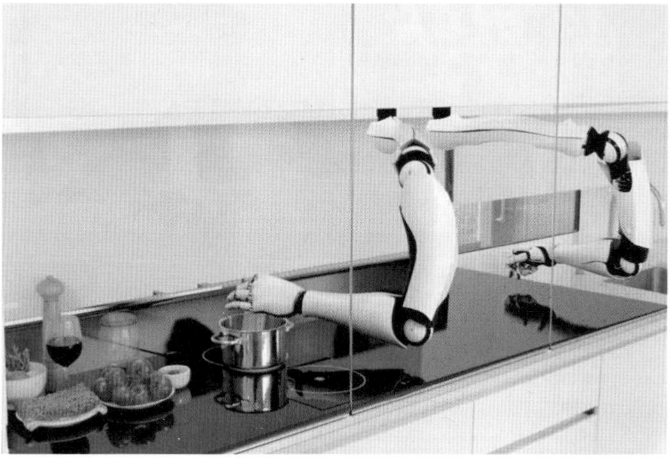

图 2–22　烹饪机器人

这种新型烹饪机器人不仅能自主控制火候，还能完成烤、蒸、煮等多道烹饪工艺。它可以依据程序融入烹饪大师多年来的配方与经验，依次加入菜品主料、辅料，每道程序都实行严格把控，并能利用机械装置与自动控制，模仿厨师那样翻转锅子，精准而又高效。

专家提醒

相对其他机器人来说，烹饪机器人投资力度较小，盈利能力较弱，但尽管如此，如果能在市场上推出一款价格和使用性较强的机器人，也能大受追捧。

2.3.4　看护管家：最受宠智能待产包

在 2020 年第 20 届孕婴童展会上，一款婴幼儿智能看护机器人引起了人们的关注，如图 2-23 所示。

图 2-23　婴幼儿智能看护机器人

这款智能看护机器人可以实时监控宝宝的身体信息，例如宝宝的心率、体温以及行为动作，及时进行数据分析和判断，在非正常情况下，还能发出预警。

不仅如此，它还能自主跟踪宝宝移动轨迹，根据场地划分危险区域，若宝宝离开安全地带，立马报警，如图 2-24 所示。同时，它还具有小夜灯和摇篮曲的功能，能及时安抚宝宝的情绪。

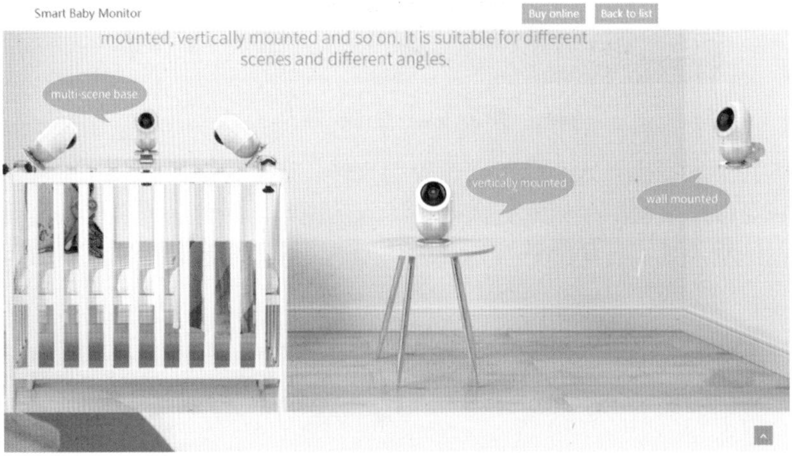

图 2-24　自主跟踪宝宝移动轨迹

任何产品都应站在使用者的角度去进行设计，智能看护机器人就很好地贯彻了这一点，是新生代父母的看娃神器！

2.3.5 翻译机器人：出国旅游小助手

有些朋友喜欢出国旅游但又担心语言不通，这款智能翻译机器人就可以完美地解决这个问题，无负担旅游已不成问题，如图 2-25 所示。

图 2-25 智能翻译机器人

现在市面上的智能翻译机器人至少都能实现 20 种语言互译，只要对它说话，就能翻译成用户想要的语言，用语音或者文字的形式表现出来。AI 翻译机器人也多次用于国家奥运会或国际会议，力图提供高质量的翻译服务。

专家提醒

智能翻译机器人是现在市场上的“香饽饽”，有时也是国家的“门面担当”。从小小的智能翻译水平也可以看出国家的科技实力，各国之间交流的鸿沟也会随着智能翻译的发展不断缩小。作者相信，未来的翻译系统也会支持更多的语言。只有把握市场，迎接挑战，我们才能在强国的道路上越走越远。

第 3 章

解决方案：互联网三大巨头的布局

随着人工智能的火热发展，百度、阿里巴巴以及腾讯悉数入局，AI 界的人才、算力、数据、算法以及生态场景的竞争愈加激烈，也让互联网的价值进一步提升，人工智能逐渐在我们的生活中占据重要地位。

3.1 百度 AI：提供端到端软硬一体

百度 AI 市场，集合了众多技术研发者和企业，基于百度大脑高端科技，力图连接 AI 产业上下游，是实现 AI 业务一体式的首选平台。而百度 AI 市场作为人工智能领域的领头羊，产品范围覆盖较广，设备规格多样，产品质量也安全可靠，可以适配多种环境需求。

3.1.1 百度飞桨：开源深度学习平台

百度飞桨是百度自主研发的实践性较强的开源深度学习平台。开发者在开源深度学习平台上搭建自己的 AI 应用，极大地降低了研发门槛，提升了效率。百度飞桨就是这样一个技术领先、功能完备的产业级深度学习开源开放平台。它集深度学习框架、基础模型库、端到端开发套件、工具组件和服务平台于一体，致力于让深度学习的技术与创新更简单，如图 3-1 所示。

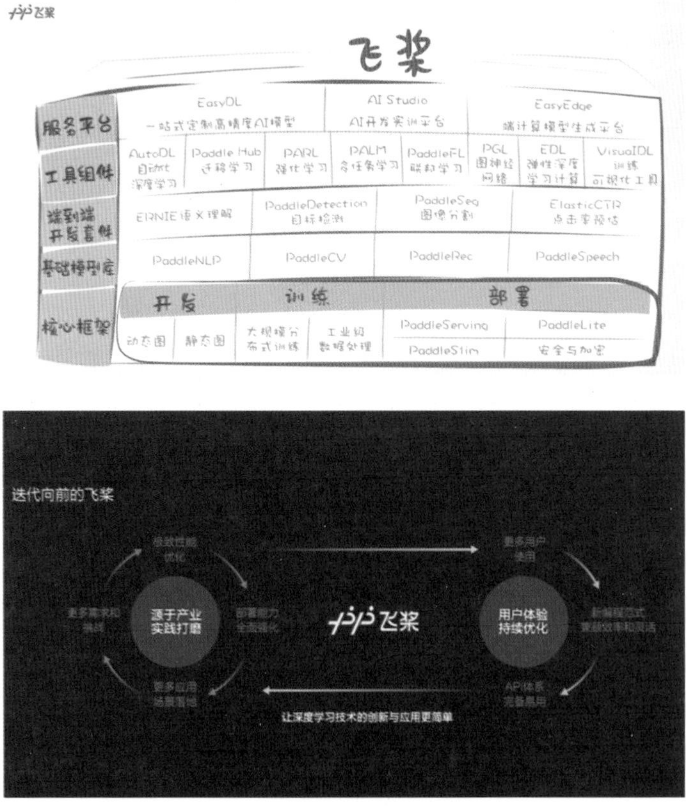

图 3-1 百度飞桨技术与创新

事实上，随着飞桨产业赋能的加快，小到零件质检，大到城市规划和病虫害检测，预防性医疗保健等，飞桨已在工业、农业、服务业、零售、地产以及互联网等众多行业实现落地应用。图 3-2 所示为飞桨与北京林业大学合作的“AI 识虫”技术，能远程监测病虫害。

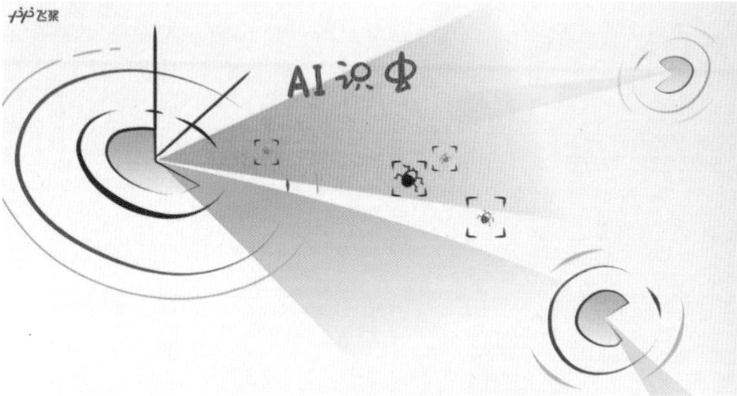

图 3-2 “AI 识虫”技术

3.1.2 DuerOS：对话式人工智能系统

DuerOS 是百度研发的能够自主进行多功能对话的人工智能系统。搭载 DuerOS 的设备可以实现人与机器的自然交互，拥有 200 多项能力，例如生活服务、娱乐影音以及实时路况出行等，且广泛适用于音箱、电视、手机、冰箱、车载以及玩具等多类型场合及设备，如图 3-3 所示。

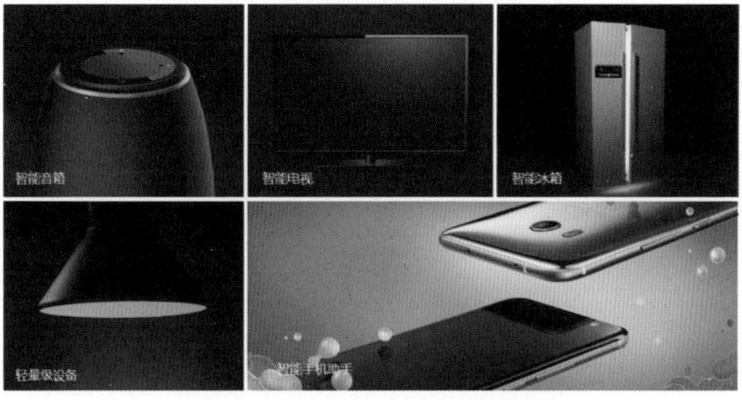

图 3-3 搭载 DuerOS 的设备

3.1.3 EasyData：智能数据服务平台

EasyData 是百度大脑推出的智能数据服务平台，主要是为各行业有 AI 开发需求的用户及开发者提供一站式数据服务工具，采用可视化数据管理，提供数据采集、标注和清洗服务，如图 3-4 所示。

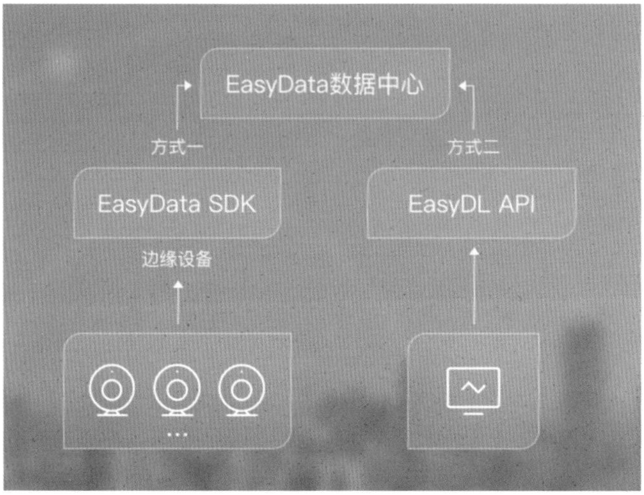

图 3-4 EasyData 数据服务平台的工作原理

目前，EasyData 能够支持图像分类、物体检测、图像分割以及文字识别等多种技术及基础数据的处理，如图 3-5 所示。同时，EasyData 已与 EasyDL 经典模型打通，适合零基础或追求高效率开发的企业或个人开发者。

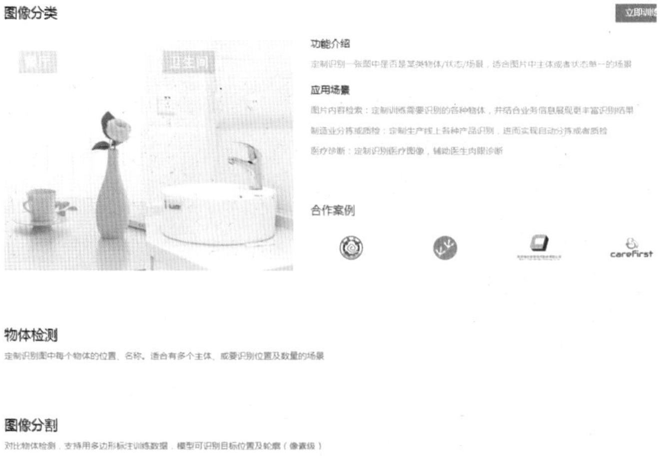

图 3-5 EasyData 平台的功能展示

3.1.4 IOCR：自定义模板文字识别

IOCR 是一款针对固定版式，如卡证、票据等，提供的定制化文字识别产品。它不仅能进行银行汇票、支票和保险单的识别，还能进行火车票、汽车票以及出租车票等 10 余种常见票据的识别，如图 3-6 所示。

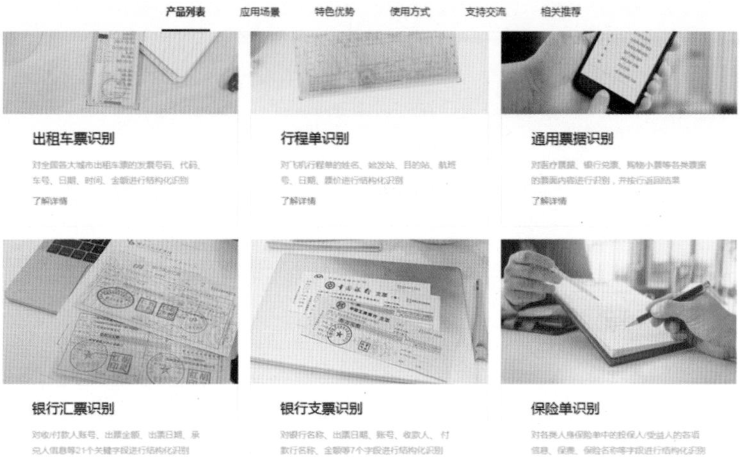

图 3-6　票据识别

除此之外，IOCR 还能进行 3000 款常见车型识别，支持大陆各类机动车车牌信息识别，并实时检测记录道路违章行为，如图 3-7 所示。该功能主要应用于停车场和小区等无人守护场景，有利于实现规范化管理，能有效降低人力和物力，大幅度提升管理效率。

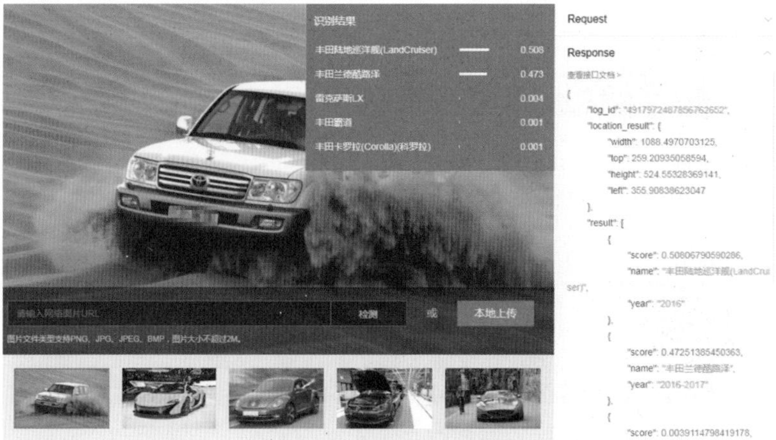

图 3-7　车辆信息识别

3.1.5 人脸识别：确保真人且为本人

所谓活体检测，就是指机器能够快速对比人体关键部位的特征信息，高效实行身份认证，这一技术已被广泛用于企业考勤打卡和学校无感知考勤等场景。将考勤功能集成到手机等移动设备中，还能以较低的成本实现刷脸考勤。图 3-8 所示为人脸识别功能注入手机流程示例。

图 3-8　人脸识别注入手机流程

3.1.6 EasyMonitor：视频监控和开发

EasyMonitor 是基于人体检测、图像识别等能力，针对视频监控场景而设置的一系列 AI 服务。例如，电子围栏，发现陌生人闯入便立即提供报警；安全帽佩戴合规检测，减少安全隐患；烟火检测，主要应用于建筑工地、厂区林区和后厨等，如图 3-9 所示。

图 3-9　EasyMonitor 的功能示例

另外，百度在视频监控方面还走出了自己的风格，即可以接受私有化部署。例如，针对厂区特定位置进行检测或是满足企业特殊要求，如图 3-10 所示。

图 3-10　打造企业私人部署

3.1.7　人机审核：高效的人机结合法

人机审核是针对图像、文本、语音和短视频等多媒体内容，提供全方位的审核操作平台，覆盖涉暴、涉黄等官方违禁内容库，致力于打造人机一体的审核制度，提高审核效率。图 3-11 所示为人机审核系统架构。

图 3-11　人机审核系统架构

设置合理的审核流程，是高效进行人机结合必不可少的，可以帮助审核员快速完成审核任务。另外，百度人机审核平台具有完善的审核管理功能，管理员可自主地在平台中添加或删除审核项目，并具备自定义审核标签功能，且配备了多级管理权限，让数据业务更加安全。

3.2 阿里 AI：真实用户需求和场景

作为惹人注目的互联网三大巨头之一，阿里巴巴拥有令人眼红的 AI 经济创新实力，不管是 AI 底层应用技术还是上层高端科技，阿里都有它自成一套的产品体系。阿里也一直秉持着专业执着、精益求精的敬业精神，在 AI 领域闯出了自己的一片天空。

3.2.1 天猫精灵：智能音箱全面升级

提到阿里巴巴，那就不得不说它旗下的智能应用——天猫精灵，如图 3-12 所示。天猫精灵采用圆柱式的设计，具有多种配色，是一款多功能智能音箱。

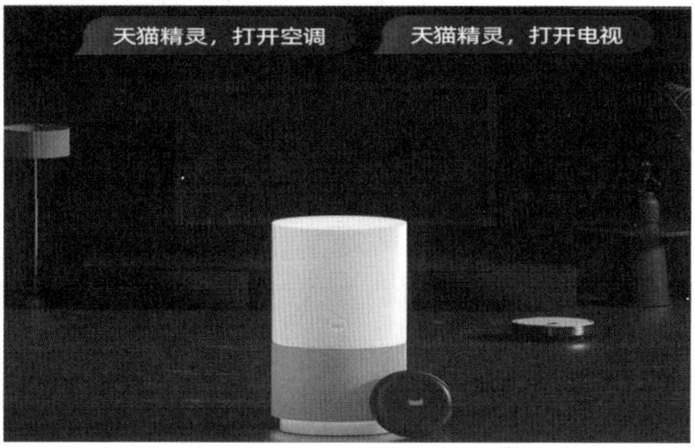

图 3-12　天猫精灵 X5

作为一款智能音箱，天猫精灵不仅能真实还原音乐细节，打造高品质音乐享受，给人沉浸式音乐体验，还能根据不同曲风，自动搭配音效风格。它独有的 AI 音效增强技术，还能根据用户的音乐喜好，智能调整算法，力图让用户享受每一首音乐，如图 3-13 所示。

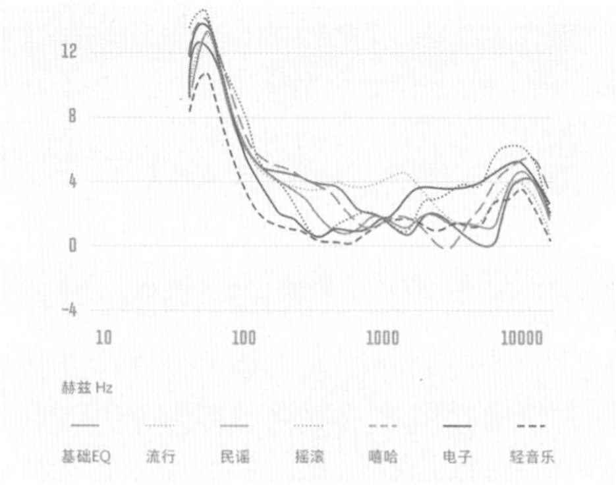

图 3-13　智能调配音效

除此之外，天猫精灵还具备声纹支付功能，能进行购物支付和充值，让你动动嘴就能购买，享受你的专属优惠和体验。

3.2.2 家庭智慧：手势识别消费升级

最近，一款拥有 7 寸黄金尺寸的智慧屏家用小精灵在市场上广受好评。110 度屏幕倾角，更符合人体使用习惯，对老人和孩子都十分友好。这款小精灵拥有过亿影视资源，不管是热门剧集、潮流综艺，还是动漫二次元，应有尽有。

最主要的是，这款小精灵不仅能声控投屏，还搭载了 AI 感应系统，能在不触碰屏幕的基础上，利用手势进行切换歌曲和点赞等操作，如图 3-14 所示。

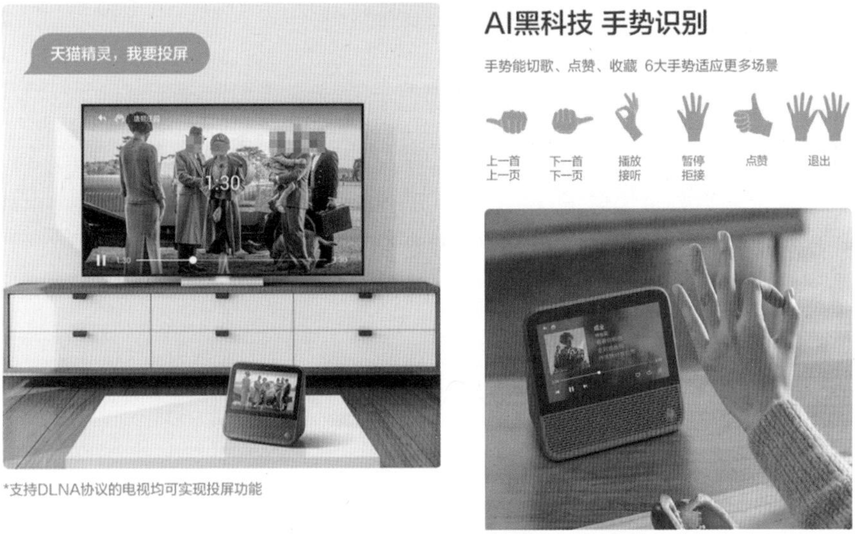

图 3-14　家用小精灵

3.2.3 钉钉智能：一站式解决数智化

钉钉是阿里巴巴打造的能免费使用的多段平台，有利于企业沟通和协同合作，是一个提供系统化解决方案的智能平台。目前，有超过 1500 万家企业组织、3 亿人正在使用钉钉，它能满足各行各业、各种规模的组织需求。

钉钉具有强大的企业管理能力，它的智能系统具有组织、协同、沟通、业务和生态能力，如图 3-15 所示。钉钉的智能人事能够一键提供信息化的人事解决方案，提供智能薪资、智能工资条和智能移动考勤等人事管理功能，完美解决了手工统计费时费力的问题。

图 3-15　钉钉的功能

3.2.4　人机协同翻译：简单快捷高效

阿里云人机协同翻译能提供 40 多种类型的文档、视频和图片翻译，其人机辅助翻译支持多人协同在线翻译，语句能够实时流转，再加上达摩院机器的智能加持，能加倍提升翻译效率，如图 3-16 所示。

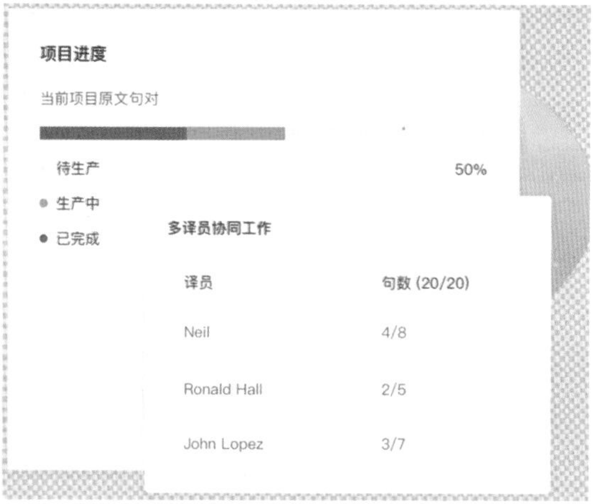

图 3-16　人机辅助翻译

专家提醒

阿里巴巴作为世界领先的网络贸易平台，它的业务范围覆盖全球，有数以百万计的买家和供应商，所以它在语言技术方面的要求更高，技术更先进。

另外，阿里还提供一站式数据标注能力，具备文本标注、多级分类、标注记忆和自定义配置等功能，且标注动作简单快捷，交互方式多样，如图 3-17 所示。

图 3-17 AI 数据标注

3.2.5 AR 开放平台：渲染视觉冲击

AR 开放平台是阿里巴巴人工智能实验室推出的一款能快速创建 AR(Augmented Reality，增强现实)内容的智能操作系统，它提供免费的内容编辑平台和数据分析能力，利用业内首创的物理图像识别融合技术，能为 AR 呈现最高质量的视觉效果。图 3-18 所示为阿里 AR 开放平台与图书馆合作推出的 AR 少儿绘本。

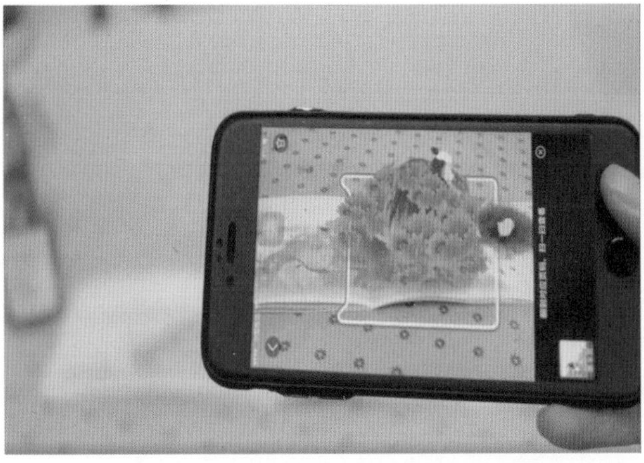

图 3-18 《小鸡球球》少儿绘本图书案例

3.2.6 DDoS 防护：应对流量型攻击

DDoS 防护是阿里巴巴自主研发的网络监测系统和智能防护体系，能够快速应对由网络攻击造成的网络延迟、访问受限和业务中断等问题，针对复杂的网络攻击还能实行自动化防护，根据攻击情况自动调配防护策略，智能降低安全运营成本。

图 3-19 所示为阿里云 DDoS 防护全球应用场景示意。它能调度阿里云分布在全球的 DDoS 防护节点，迅速找出攻击源头并进行过滤，最大限度地做好防护。

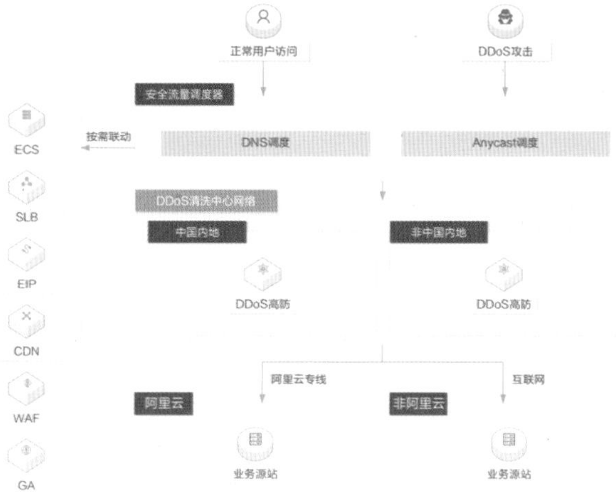

图 3-19 阿里云 DDoS 防护全球应用场景

3.3 腾讯 AI：产业聚变和云启未来

腾讯以互联网为基础，试图通过技术创新来丰富网民的生活，帮助企业进行数字化升级。腾讯作为互联网时代的践行者，将人工智能等高端技术产品向外输出，并展现出我国 AI 产业蓬勃发展的态势。

3.3.1 图像分析：提供各种图像服务

腾讯的图像分析是利用深度学习、强化学习等高端技术，能够解析图像中的物品、人物和动物等，并能对图像进行质量评估，分析图像的视觉效果。

图像分析被广泛应用于腾讯的各类产品，包括相册分类、广告推荐、视频内容理解和拍照识图等场景，如图 3-20 所示。另外，图像分析技术也能识别出国内外公众人物，如娱乐明星、体育明星、网红以及学者等。

图 3–20　手机相册智能分类

随着智能手机的大面积覆盖，用户拍照和存储的照片数量越来越庞大，加大了照片的管理难度，消耗时间。图片分析技术可以批量读取相册，获取照片内容信息，并按照人物、场景做好智能分类。

3.3.2　智能钛：机器学习平台

智能钛（TI–ML）是面向开发者的、为用户提供数据处理的机器学习平台，适用于初入人工智能行业的新手，也适合 AI 算法专家，既能在企业内部使用，也能广泛用于工业场景。如图 3–21 所示，碧桂园开发的潼湖科学城，就是广泛利用了智能钛机器学习平台。

图 3–21　智能钛应用示例

潼湖生态智慧区又有着“广东硅谷”之称，利用它四通八达的网络交通，再加上人工智能的支持，未来这里可能成为科技产业的聚集中心，人才创新发展的梦想之地。

3.3.3 创意营销：从 0 到 1 实现 H5

AI 创意营销是为企业或广告商提供可适配的咨询、设计、开发和运维一体化的个性营销解决方案，能解决企业在市场中遇到的痛点问题，可以打造更贴合市场的 H5 小程序。

腾讯 AI 创意营销服务超过 1000 个定制化客户，设计超过 300 种创意玩法，根据活动体验与受众的不同，还能贴身定制解决方案，遇到紧急项目时可全天候配置人员，尽可能完美地解决客户问题。

例如，2020 年，武汉纺织大学使用腾讯的 AI 创意营销方案，推出了“E 起来拍毕业照”活动，使同学们在网上也能合拍毕业照。

首先，毕业生需要输入姓名以及学籍号，然后选择想要拍照的场景，如图 3-22 所示。

图 3-22 “E 起来拍毕业照”界面示例

专家提醒

毕业照的云上解决方案体现了教育以人为本的宗旨，通过人工智能打破空间阻碍，给毕业生们的大学生涯留下了一个美好的回忆。由此可见，科学技术是实实在在地走进了我们的生活，给当代社会发展留下了浓墨重彩的一笔。

然后，毕业生就可以上传自己的证件照照片，系统后台会智能生成毕业生留念照片，同时自动合成与班级的合影，如图 3-23 所示。

图 3-23　上传照片及合成

3.3.4　IP 虚拟人：多种场景能听会说

IP 虚拟人是利用人工智能技术生成的能听会说的虚拟人物，力图营造有温度的交互体验，打造有情商的虚拟人物。例如，针对网络教学，IP 虚拟人能够打造虚拟教师，为学生提供一对一的专属服务，如图 3-24 所示。

图 3-24　虚拟教师

另外，IP 虚拟人在虚拟主播、导游、客服以及虚拟助手等多种场景也得到了广泛的应用，如图 3-25 所示。

图 3-25　虚拟助手（上）和虚拟导游（下）

3.3.5　人脸融合：一秒实现“疯狂变脸”

人脸融合能快速精准地捕捉人脸关键点，将用户上传的照片与事先准备好的模板进行融合，达到以假乱真的效果。

它能满足不同场合的营销需求，还能调整融合相似度，支持多脸融合，融合人数可达 3 人，可用于全家福或多人合照，融合效果自然逼真。人脸融合技术能够达到毫秒级响应是人脸融合技术的特征之一，平均处理时长为数百毫秒，一键上传即能达到融合效果，让用户在短时间内可以实现“疯狂变脸”。

人脸融合技术还能应用于游戏制作中。例如腾讯北极光工作室研发的“天涯明月刀”，能够实现多人在线角色扮演，还能将用户与游戏角色脸部融合起来，如图 3-26 所示。

图 3-26 “天涯明月刀”人脸融合

不仅如此，基于人脸识别算法，腾讯推出的这款游戏还拥有人脸试妆功能，提供包括试眼影、瞳孔、唇彩和贴花等多种功能，为用户角色提供了多种可能性，进一步丰富了游戏内容，如图 3-27 所示。

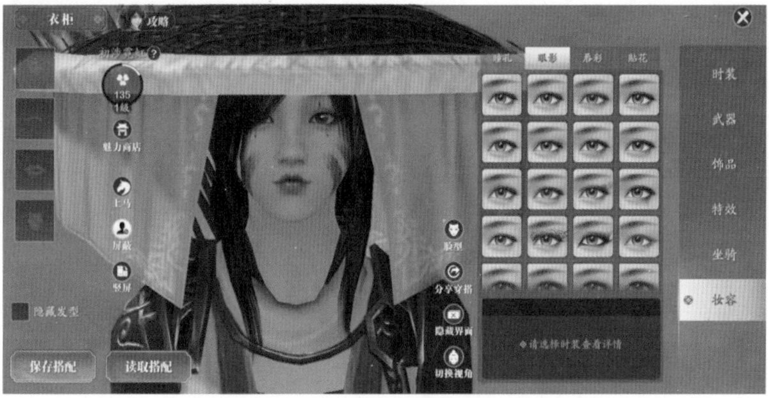

图 3-27 人脸试妆

3.3.6 智能闲聊：贴心的社交小伴侣

腾讯公司打造的智能闲聊服务配置了 100 多个属性，能够创造出各种各样的聊天风格。基于中国领先的自然语言技术和数据处理能力，腾讯将智能闲聊功能快速接入微信公众号，同时聊天范围包括音乐、诗词、笑话和天气等多方面垂直领域，让聊天更有趣味、更有爱，如图 3-28 所示。微软小冰随着技术的不断升级，已变得越来越智能化，聊天不再生硬尴尬，大大提升了用户体验。

另外，微软小冰公众号还推出了一款虚拟伴侣功能，量身定制男友或女友，让你在亿万人中，找到那个只属于你的另一半，如图 3-29 所示。

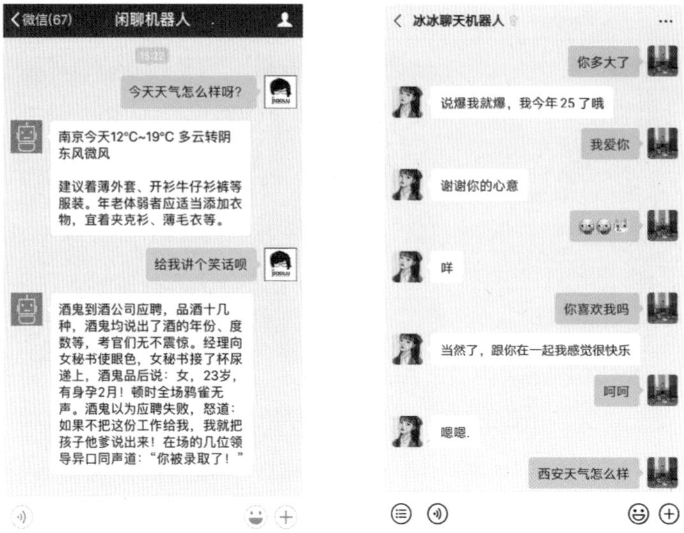

图 3–28　智能闲聊

图 3–29　智能伴侣

有些细心的读者可能会注意到，图 3–29 中出现了一个新的名词“小冰框架”。那么，什么是“小冰框架”？和微软小冰又有什么区别呢?

作者认为，新出现的“小冰框架”是更完整的、面向全程的智能交互主体，如图 3–30 所示。它除了具备核心对话功能以外，还能引起第三方内容的触发和第一方内容的生成。也就是说，它不仅仅是一个聊天机器人，还是一个歌手、诗人、画家、学者、设计师以及主播。

图 3-30　小冰框架

3.3.7　智能会场：技术成熟生态稳定

智能会场是立足腾讯社交数据大平台的，拥有数十万个语音标注，能针对具体的应用场景，了解业务所需功能，构建有竞争力的基础服务平台。智能会场面向全国，在各地各种场所都拥有广泛的应用，例如智能指挥中心、交通控制台等，如图 3-31 所示。

图 3-31　智能指挥中心

智能指挥中心能够通过多方面数据对城市全景的街区、管线设施等进行完整的呈现，并通过人工智能合理安排警力布局，帮助打造警力与数据一体化，为现场指挥快速提供合理的决策依据。

另外，腾讯智能会场在法院中的应用也十分广泛，如图 3-32 所示。

图 3–32　智慧法院会场

随着人们法律意识与维护社会公平正义意识的提高，越来越多的人趋向于通过向法院申诉来解决问题，法院需处理的案件日益增多，案件处理效率有待提高。智慧法院会场的出现，打破了传统法院程序复杂、处理速度慢的现状，利用腾讯云 AI 技术栈的多项技术，力图努力实现法务领域数据化。

专家提醒

AI 从技术开发到实现落地，其中经历了诸多困难，甚至有很多项目经历是失败的，它们没有真正创造价值，但是我们的企业家们一直在不断前行，为大家摸索出了很多可借鉴的经验。我们在创新的同时，也要向中国领先技术学习，共同进步，这样才能为人工智能的规模化发展开辟出新的道路。

第 4 章

智能家居：轻松入住温暖舒适

现阶段，越来越多的人对智能家居产生了浓厚的兴趣，想要安装一整套智能家居系统。但是，如何针对住宅的不同区域，有规划地做好智能家居设计，是大多数用户的知识盲区。智能家居的终端产品众多，如何将它们利用起来，真正成为一个系统才是关键。

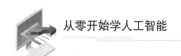

4.1 核心技术：人机交互的产物

自 1969 年英国举办了第一届人机系统国际大赛后，人机交互渐渐形成了自身的知识体系和实践模式。现阶段，人机交互的研究方向主要在智能设备互动、虚拟互动、人机协作等方面。

4.1.1 人机互动：交互设备与交互方式

人机互动主要是研究人与机器之间的信息交换，包括将人的信息传输到机器，将机器的信息传输到人，主要的应用场景有智能家居、智能建筑和智能企业等，而智能家居一直以来都是人机互动领域的重要板块。关于智能家居的交互，主要包括两种交互设备和四种交互方式，如图 4-1 和图 4-2 所示。

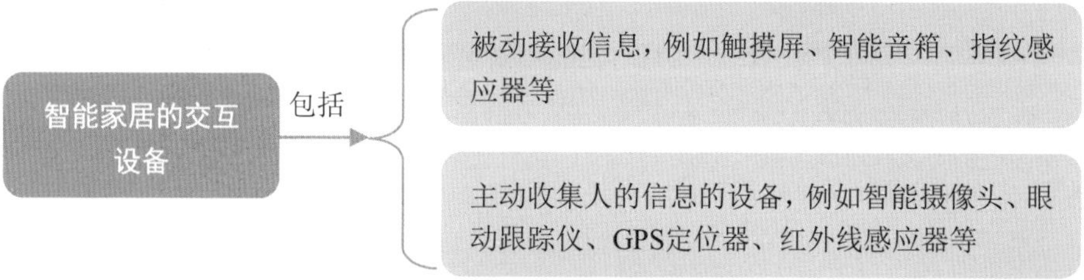

图 4-1 智能家居的交互设备

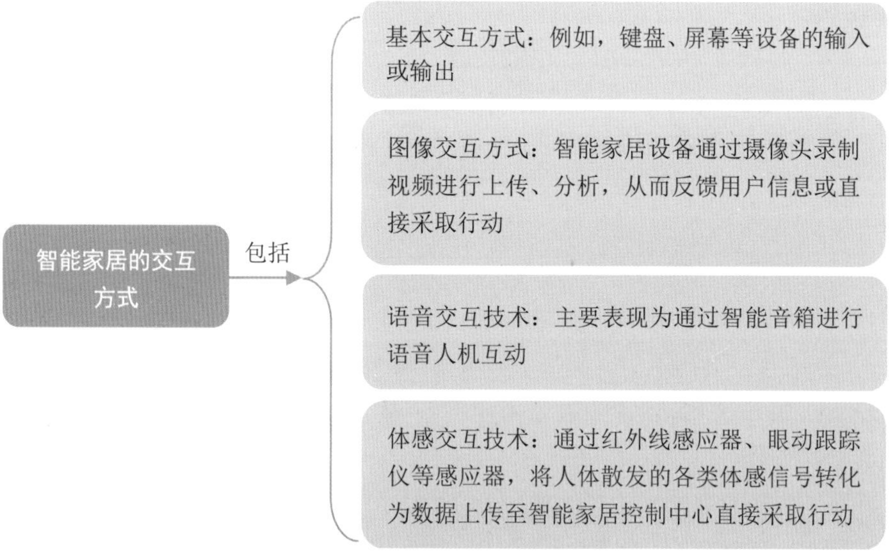

图 4-2 智能家居的交互方式

4.1.2 交互设计：三大板块提升用户体验

随着市场上智能家居设备的层出不穷，人机交互方式也在日新月异地更新着，将会提供更令人满意和愉快的用户体验。下面作者就从人机交互的三大板块内容来逐一进行说明。

1. 三种能力

智能家居人机交互作为交互方式的一种，需要以下三种能力来进行智能家居人机交互设计，如图 4-3 所示。

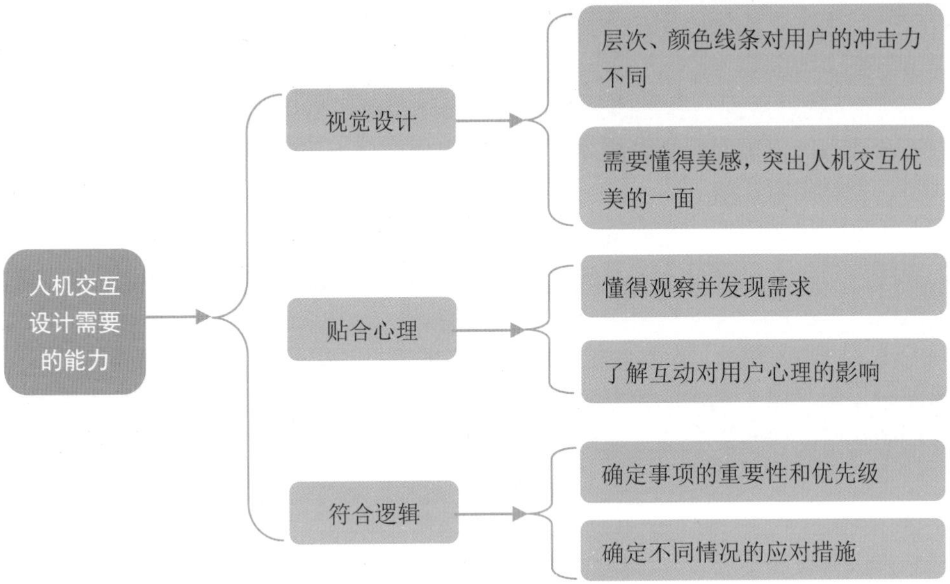

图 4-3 人机交互设计需要的能力

2. 三个阶段

除了能力以外，智能家居人机交互可以大致分为三个阶段。

（1）在前期调研的时候，需要通过市场调查，得到明确的用户需求，以及需要实现的智能家居使用场景。之后，通过人机交互设计将需求转化成为用户行为。关键在于，智能家居的人机交互设计者应当了解用户的整体使用过程，最小化用户的使用障碍，进一步引导用户的行为。

（2）在中期合作的时候，需要将要求和设计规范整理出来，给开发人员观看和了解。然后，针对智能家居产品制造中出现的实际问题进行沟通协调，确定人机交互的设计初衷，在不改变原有基本模型的前提下，尽可能地减少人机交互的复杂性。

（3）在后期落地的时候，需要确定智能家居产品的功能性，尤其是智能家居的必要功能。因为每增添一个新的功能，等于是将原有的人机交互方式重新设计一遍。所以，单个智能家居产品无须设计太过于复杂的功能，而是应该注重和其他智能家居产品的交互，以构成整个人机交互协同工作系统。

只有对智能家居全局有清醒的认识，能够准确判断交互模式的缺失位置、缺失原因和缺失情形，才能做到智能家居人机交互设计的完善和稳定。

3. 三个层面

智能家居人机互动从来都不是越多越好，而是在三个层面上尽可能贴近用户，让这一行为产生愉快的用户体验，从而改变用户的态度，甚至产生感情。具体是怎样的三个层面呢?

（1）物理层面。智能家居产品和人类都是可触碰且受当前环境影响的物理存在。现有的人机交互物理技术要求智能家居根据人类的不同感觉来设计，例如触觉、视觉和听觉等。

（2）认知层面。智能家居人机交互方式是需要得到用户的支持和认可的。如果用户对于人机交互方式产生疑惑，甚至不解，又或是觉得过于烦琐或者不便，那么这款产品从某种角度来说，也是失败的。

（3）情感层面。人类对长期相伴左右的家居设备是容易产生情感的，特别是部分运用了拟人技术的智能家居。但是用户对拟人态智能家居的喜好不同，一味地萌化可能导致失去部分客户。

4.1.3 交互拓展：发展优势及核心目标

人机交互在不断发展，越来越多的人在使用智能家居设备，每一次人机交互方式的转变都扩展了新的用户群体、新的应用场景和商业模式，且智能家居人机交互的不断进步，带来了多种优势，如图 4-4 所示。

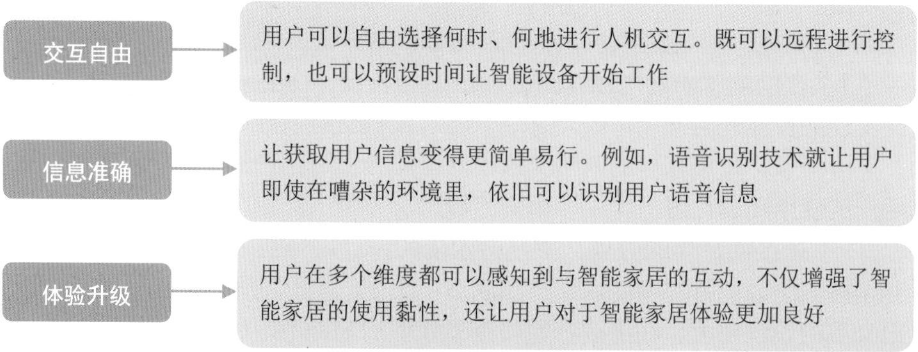

图 4-4 智能家居人机交互的优势

人机交互模式的发展目标随着科技的发展而不断变化，但其核心目标却并没有出现大幅度改变，具体如图 4-5 所示。

- **无须学习** → 设备体现智能的方式之一就是傻瓜式操作，即用户不需要进行学习，便能了解智能家居的操作模式
- **交互多样** → 人与人之间的交互模式是多种多样的，而智能家居人机交互模式的发展目标就是达到人与人之间那种自然交互方式，可以通过面部表情、手势、语音等多种方式进行交互
- **个性交互** → 当用户进行交互时，智能家居可以根据用户的数据进行个性化交互。例如智能家居与儿童进行交互时，交互方式、交互时长等人机交互具体细节都可以尽量匹配儿童的喜好和智力水平

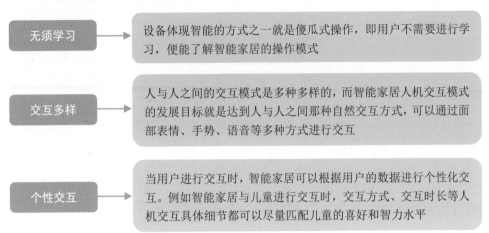

图 4-5 人机交互模式的核心目标

4.1.4 技术挑战：在发展中进步和完善

智能家居人机交互是一个高度协同的系统，目前在这个系统中，用户需要去适应智能家居，需要学习智能家居人机交互模式，并理解人机交互能达到怎样的效果。而理想状态下的智能家居人机交互，应当是智能家居主动与用户交互，帮助用户做出最佳选择。要实现智能家居人机交互的理想状态，面临的技术挑战还有很多，如图 4-6 所示。

- **情感理解** → 智能家居人机交互的情感理解往往是一大问题。语言是用来描述和传递信息的，理解一句话所表达的情感，往往需要联系上下文，甚至联系实体所对应的视觉、听觉和触觉
- **智能对话** → 与人跟人的交互类似，智能家居人机交互需要有针对不同场景的对话，有不同的语气语调。智能家居需要逐渐实现低成本、个性化的智能对话，尽可能地贴近用户本身的特点
- **应用场景** → 现阶段，智能家居人机交互的应用场景主要局限于家居环境的智能提升。未来的智能家居应当能够作为用户的智能化中心，充当用户的办公地点，不断扩展智能家居人机交互的用途

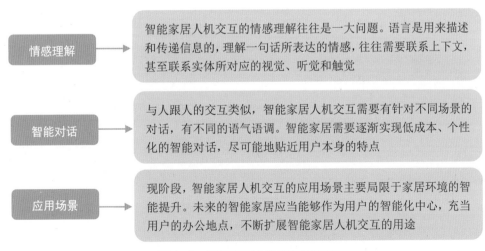

图 4-6 智能家居人机交互的挑战

人类创造智能家居最早的目的是帮助自己处理家务，然而从智能家居被创造出来的那一刻，便拥有了商业化的属性。随着硬件、软件和网络技术的发展，智能家居越加“聪明”，功能也越加强大。

4.2 智能实战：家居设计的方案

设想一下这样的场景：早上出门时，智能音箱提示外面有雨，报出雨量大小及风速，提醒主人出门记得带雨具，同时提示今日空气质量情况，包括雾霾、PM2.5数值等；晚上回家，屋外的照明灯会通过感应装置进行感应。主人回到家，就会自动照明，帮助主人照亮回家的道路，主人进屋后，感应灯就会自动熄灭。

这样的场景是否充满了智能化和人性化意味呢？在日常生活中，随着智能家居的发展，人们也越来越重视室外的智能化系统，尤其是在人工智能和大数据等技术的大力推动后，智能家居也渐渐走进人们的生活中。

4.2.1 户外设计：一键控制智能照明

不仅仅是室内的智能化系统升级转型，室外的智能化系统也成为人们生活中研究和讨论的热点话题，人们对未来智能家庭的期待越来越大。下面将为大家阐述室外的智能系统设计。

1. 户外灯光照明

户外灯光照明系统设计的要求，如图4-7所示。

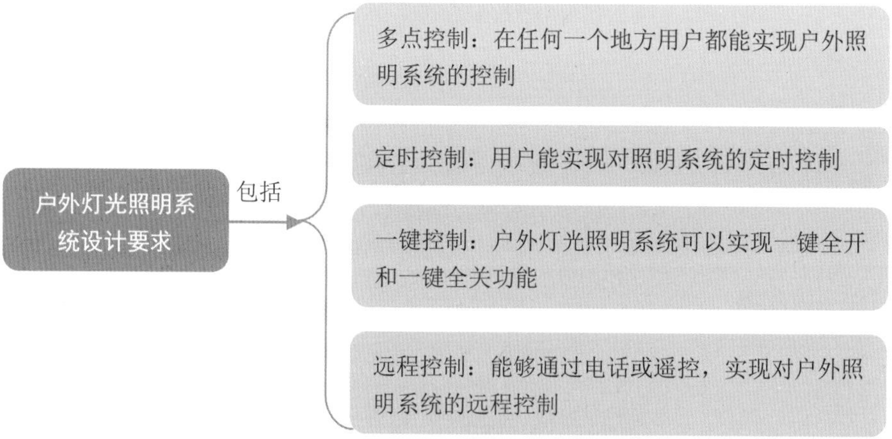

图4-7 户外灯光照明系统设计的要求

2. 户外安全监管

户外也需要安全监管，因此户外监控器材就必不可少了。通常来说，户外监控器材需要具备灵敏度高、抗强光、畸变小、体积小、寿命长、抗震动、防水、红外夜视和监控距离长等特点。

目前户外摄像头的种类很多，主要可以用来监控户外偷盗、户外意外事故等情况的发生。这里简单介绍一种红外高清智能高速球，如图 4-8 所示。

图 4-8　室外智能高速球

它的三维智能定位功能可以自主跟踪目标，还具有定时动作、移动侦测和模拟路径等智能分析功能。

4.2.2　门口设计：便捷轻松安全可靠

门口一直是智能家居领域非常重视的一块，不论是智能门锁、可视对讲系统，还是无线门磁探测器、人体红外探测器等，都在为我们的大门保驾护航，如图 4-9 所示。

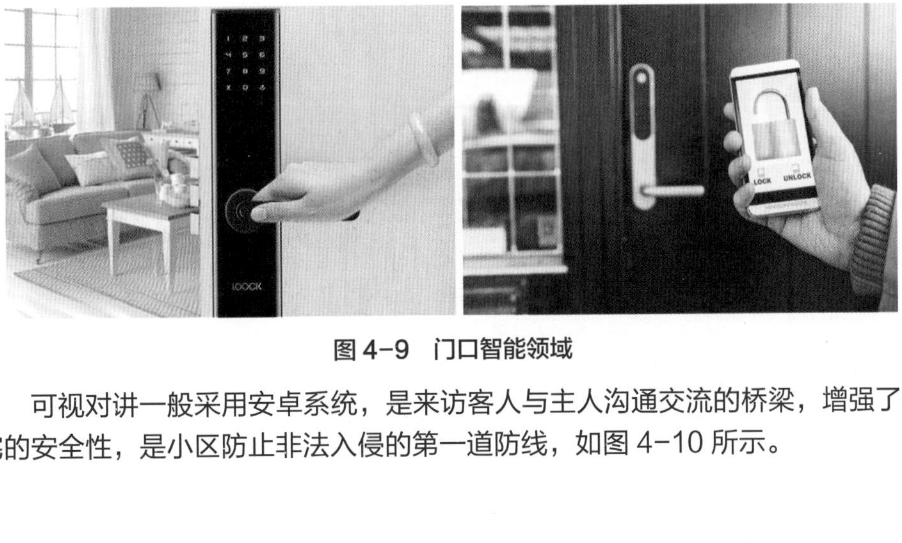

图 4-9　门口智能领域

可视对讲一般采用安卓系统，是来访客人与主人沟通交流的桥梁，增强了住宅的安全性，是小区防止非法入侵的第一道防线，如图 4-10 所示。

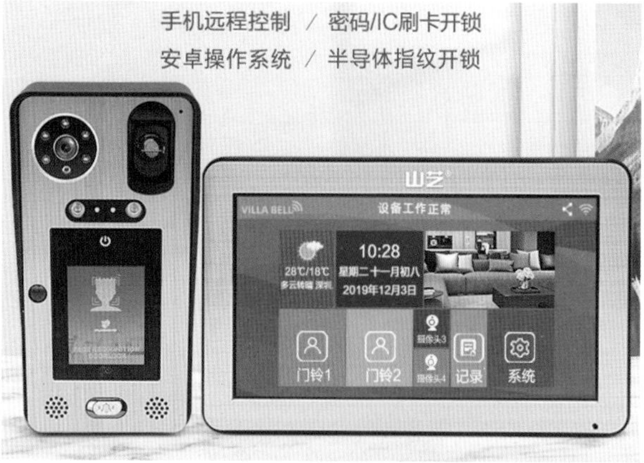

图 4-10　山艺可视对讲机

这款山艺可视对讲机不仅能进行 3D 人脸识别，还具有半导体指纹传感器，安全性更高。人在外面，只要手机有网络，就可以随时控制门铃。

4.2.3　客厅设计：影视场景炫酷实用

说到客厅的设计，那必不可少的就是一台电视了。所谓真正的电视智能化，是指电视能够通过简单易用的整合式操作界面，将消费者最需要的内容在大屏幕上清晰地展现，如图 4-11 所示。

图 4-11　语音 AI 纤薄影音电视

这款由阿里推出的电视不仅拥有智能化一键投屏功能，通过语音点播还支持美食外卖、影院查询和机票查询功能，做饭的时候还可以是你的烹饪小助手，让“跟着电视做饭”成为生活常态。

目前，智能电视也得到了广泛的应用，用户还可以通过网线、无线网络来实现上网冲浪的功能。图 4-12 所示为智能电视发展的优势。

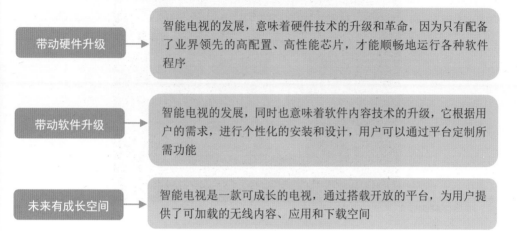

带动硬件升级 → 智能电视的发展，意味着硬件技术的升级和革命，因为只有配备了业界领先的高配置、高性能芯片，才能顺畅地运行各种软件程序

带动软件升级 → 智能电视的发展，同时也意味着软件内容技术的升级，它根据用户的需求，进行个性化的安装和设计，用户可以通过平台定制所需功能

未来有成长空间 → 智能电视是一款可成长的电视，通过搭载开放的平台，为用户提供了可加载的无线内容、应用和下载空间

图 4-12 智能电视发展的优势

专家提醒

客厅是家庭休闲娱乐和招待客人的重要场所，因此客厅的照明要以明亮、实用和美观为主。在智能家居领域，客厅的灯光通过自动感应和智能中枢等进行统一控制，极大地提高了用户对产品的体验度。

4.2.4 卧室设计：私密场所轻松舒适

随着科技的发展，卧室不再是简单地满足人们睡觉的场所，而是满足人们精神需求的地方，人们开始要求更多的空间和舒适度。

1. 卧室智能衣柜

每个卧室必不可少的就是衣柜了，不仅仅是衣服，还可以用来放置各种生活中放在别处不好看，但是放在衣柜刚刚好的物品，例如被子和冬天不穿的鞋子等。所以，这就对衣柜的设计提出了更高的要求。

现代智能衣柜，将衣柜设计得十分精细化，布局非常工整明确，其存储空间可分为平板抽屉、平板时尚裤架、LED 衣通、钥匙挂板、百宝架、化妆抽屉和鞋架层板等，如图 4-13 所示。

这种细化的组合方式，带来了生活中真正的便捷，不仅有效提升了衣柜容量，还实现了真正的家居一体化，也节省了很多找东西的时间。

图 4-13　智能衣物护理柜

2. 卧室智能床

随着智能家居的出现，智能床产品也层出不穷。例如，天猫梦百合旗舰店推出的一款可智能升降床获得了 2020 年 6 月天猫智能床品类销量冠军，如图 4-14 所示。

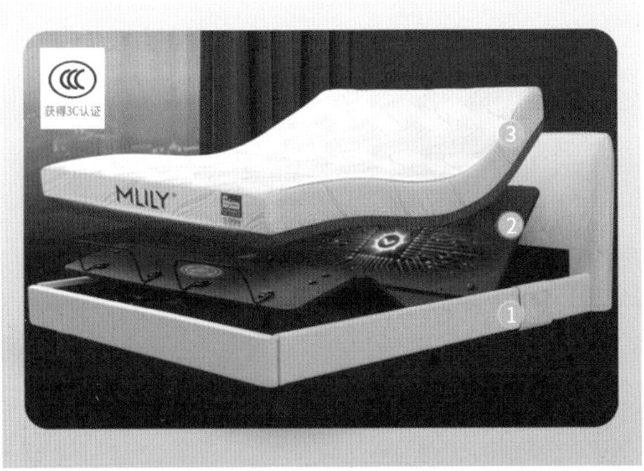

图 4-14　梦百合智能床

这款智能床具备 7 种智能模式，包括观影模式、打鼾干预模式、瑜伽模式、阅读模式、休闲模式、0 压力模式和平躺深睡模式。其中 0 压力模式十分有利于孕妇使用，它可以自由升降高度，躺卧都非常轻松；瑜伽模式可以帮助那些久坐的上班族放松颈椎，舒缓背部压力；打鼾干预模式还可以适当抬起背部，保障大脑充分供氧，使呼吸顺畅，起到有效预防打鼾的作用。

4.2.5 书房设计：安静愉悦放心使用

对于部分家庭而言，书房早已不是简单的阅读场所，更是开会和办公的场地。所以，一个宁静、舒适的书房环境是必不可少的。

1. 书房智能降噪系统

房间位置若是临近公路或者闹市，可以设置安装一个噪声传感器。当外面声音太大时，噪声传感器会迅速响应，自动关闭门窗，与外面形成一个隔绝的空间，必要时还可以适当播放音乐，音量控制在令人舒适又不会打扰用户的范围内，帮助用户抵抗噪声污染，如图 4–15 所示。

图 4–15 书房智能降噪系统

2. 书房远程监视系统

由于书房可能放置企业重要资料，有时候又是极为私人的隐秘场所，所以，设置一个远程监视系统也是必不可少的，可以有效防止他人盗取资料，提高书房的安全性和私人性。

安装一个清晰智能、具有夜视功能的摄像头是打造智能书房不错的选择。例如，萤石自主研发的 C3W 系列摄像头，能够轻松应对室内外的不同环境，它分别具备两颗红外灯和暖光灯，再加上 4 颗专业光学透镜，使其能够支持 30 米范围的红外夜视功能，如图 4–16 所示。

在智能夜视模式下，默认为黑白模式。当检测到人像时，便智能切换为全彩夜视模式，如图 4–17 所示。

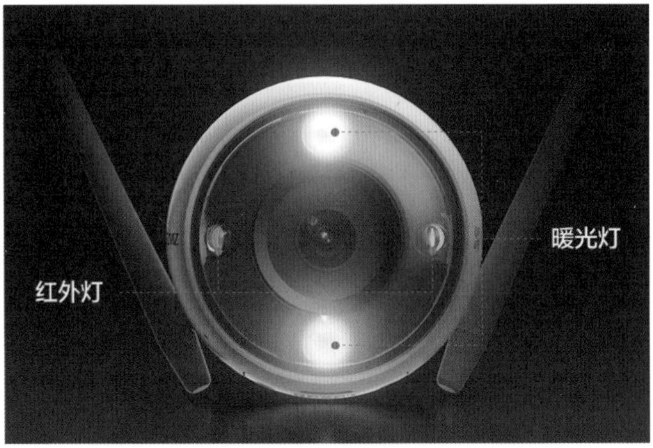

图 4-16　萤石智能家居摄像机 C3W 系列

图 4-17　智能夜视模式

4.2.6 厨房设计：三大部分防火防灾

总体来说，智慧消防厨房设计通常包括烟雾报警器、声光报警器和报警控制器这三个部分。为了保障居民的安全，落实火灾防范，也为了充分赋能企业价值，贯彻智慧消防措施，在进行智能家居厨房设计时，也应当遵循简单化和智能化的原则，如图 4–18 所示。

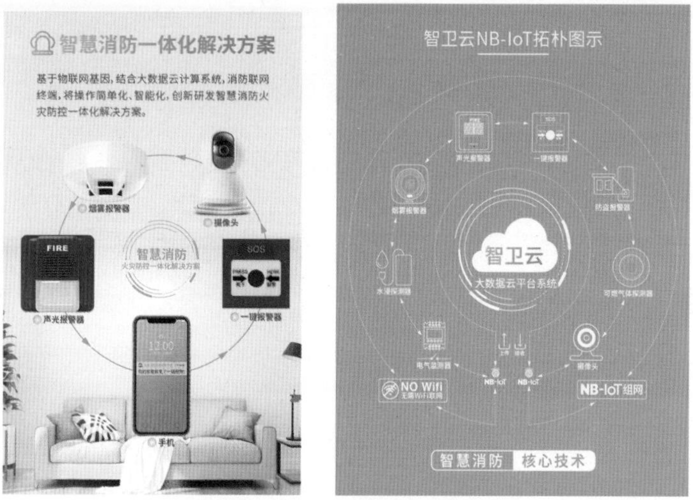

图 4–18 智慧消防厨房设计

厨房火灾烟感报警控制器应独立设置在明显且便于操作的位置，一般体积较小且采用壁挂方式安装，如图 4–19 所示。

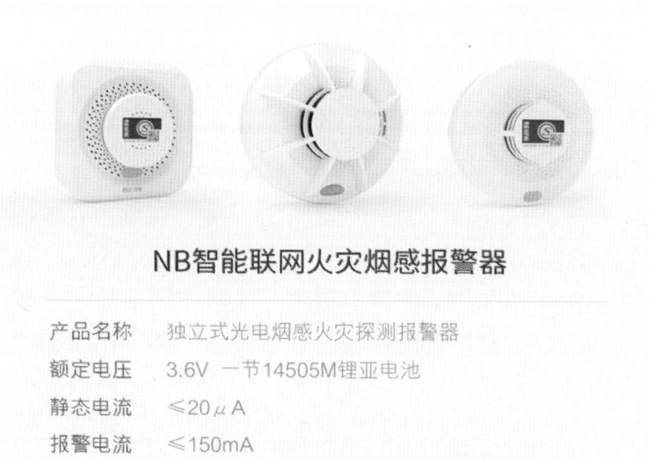

图 4–19 NB 智能联网火灾烟感报警器

4.2.7　卫生间设计：全自动智能一体

目前，智能马桶趋向于多样化，且伴随着各种各样的功能，如图 4-20 所示。

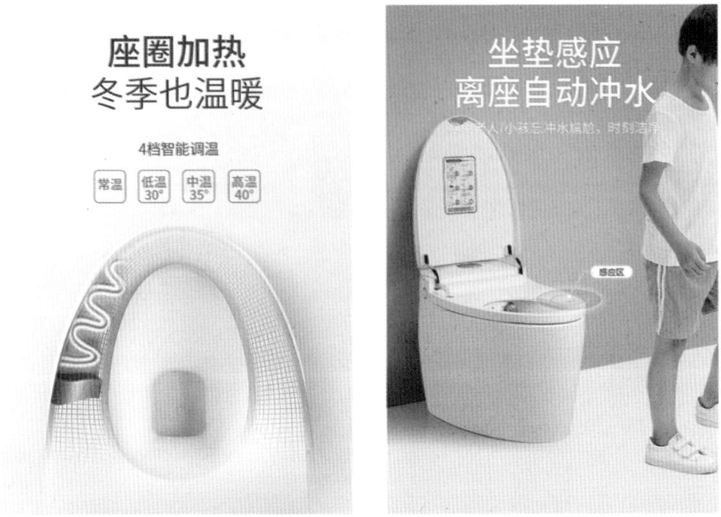

图 4-20　全自动智能马桶

一般来说，全自动智能马桶功能包括：感应翻盖、坐温调节、水温调节、喷头自洁、臀部清洗、妇女清洗、儿童清洗、助便排毒、暖风烘干和环境照明等。这些功能会带给你什么样的体验呢？

设想一下，当你每天走进卫生间时，扑鼻而来的不再是难闻的异味，而是一阵阵令人舒适的清香；当你走近马桶时，马桶会自动打开；冬天坐在马桶上时，马桶已经微微加热，并且脚底有自动按摩功能。

另外，在起夜的时候，马桶的夜灯会自动开启，同时还有超清晰视频供用户打发时间。这样的生活是不是很舒适？随着智能家居的发展，我们的生活会越来越趋向于智能化，体验也会更加美好。

4.3　家居产品：提升生活的质量

目前，市面上关于智能家居的产品很多。如果你想搭建一个智能小窝，首先需要明确的是，你想要的家居智能化程度。事实上，并不是所有的家居都需要智能化，用户可以根据自己的需求以及经济能力，选择最适合的智能家居。

4.3.1　智能窗帘：自由开合实用漂亮

智能窗帘是家居市场里较为常见的一个应用，一般都具有天猫精灵和米家

APP双系统控制（注：表示应用程序的APP，也可写为App），如图4-21所示。

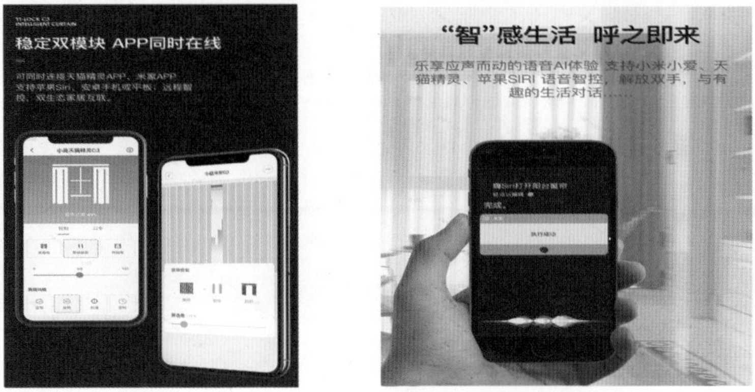

图4-21　使用手机APP唤起智能窗帘

不再是传统意义上的单开或者双开，这款智能窗帘的开合程度可以自由控制，还拥有“定时”“校准”和“反转”等功能。

另外，这款智能窗帘在细节处也很完美。它采用加厚的高强度合金铝材和全新的变轨技术，使用寿命更长、承重性更强，还可以耐高温、防腐蚀。相比起传统电动窗帘，电机体积更小，能耗更低，开合更加安静，这让它的实用性和美观性更强，如图4-22所示。

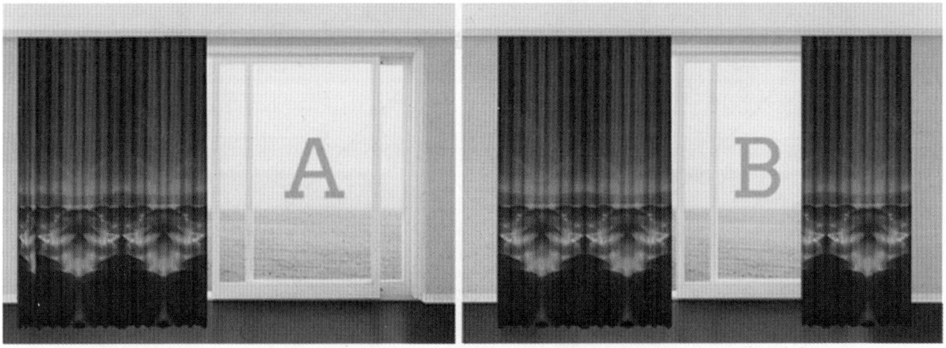

图4-22　智能窗帘的实用性和美观性

4.3.2　智能空调：全自动一键“智控温”

说起空调品牌，大家首先想到的是美的、格力、海尔和海信等这些大品牌公司，他们也确确实实在家电方面取得了很大的成就。例如，美的推出的这款“智弧”变频空调除了能实现空调的基本功能外，还能一键“智控温”，如图4-23所示。

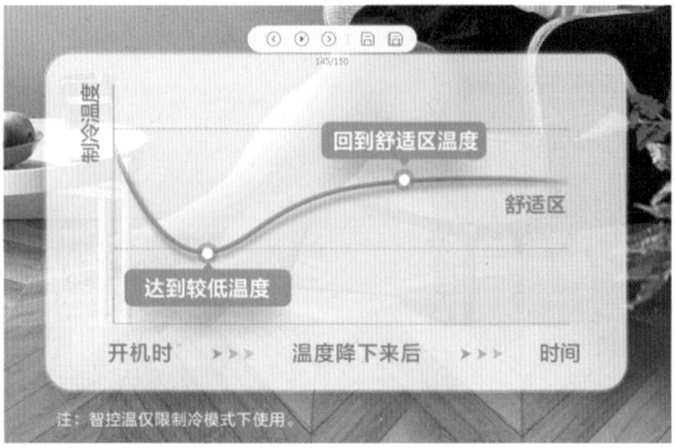

图 4-23　一键“智控温”

基于高精度的速度观速算法和智能 PI 控制器，这款空调能在制冷模式下，30 秒出风口温度达到 23.5℃，高频启动，强劲制冷。当检测到室内温度较低时，它还能智能自动回稳，避免持续低温而导致着凉，这在很大程度上也降低了“空调病”的出现概率。

不仅如此，它还能在手机上设置夜间温度曲线和智能远程控制，极大程度地提高了产品舒适度，如图 4-24 所示。

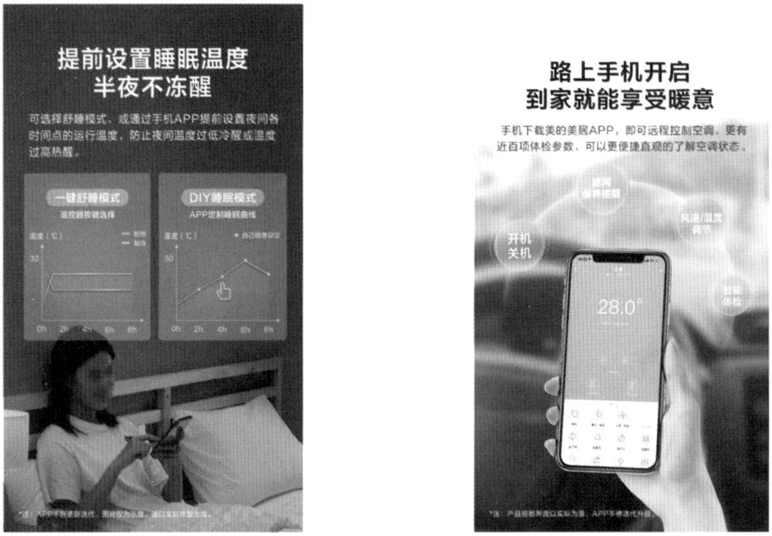

图 4-24　设置夜间温度曲线和智能远程控制

4.3.3　空气净化器：高效除菌三合一

随着工业、制造业及交通运输的不断发展，人类赖以生存的空气环境质量有所降低，所以越来越多的企业和科学研究者致力于研发出能自动净化空气的产品。

例如，戴森研发的这款PH02智能空气净化器，具备净化、加湿和整屋循环三大功能，360° 高效净化，能够杀死水中99.9%的细菌，如图4-25所示。

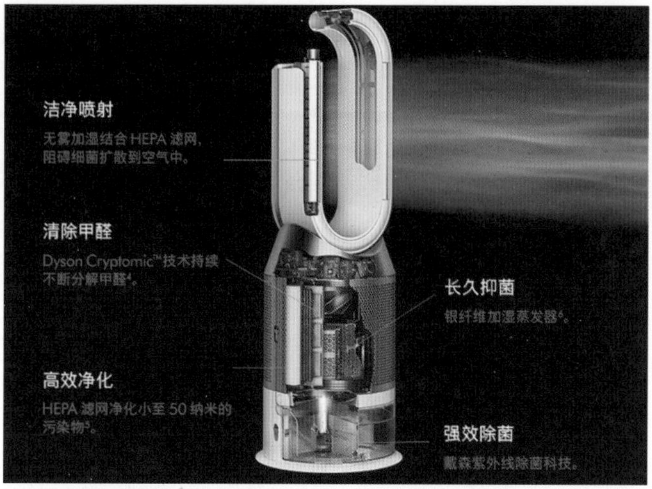

图4-25 戴森PH02智能空气净化器

它的最大的优势在于能够实时智能精准监测空气质量，能分秒之间探测4.6米外的空气污染物，响应时间是国家A级标准限值的14.3倍，如图4-26所示。

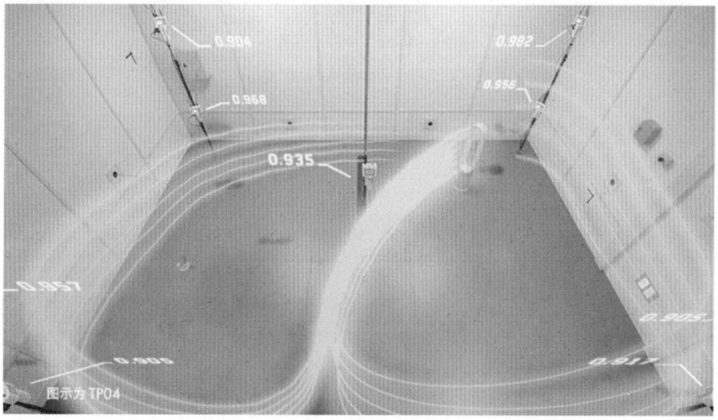

图4-26 智能精准监测空气质量功能

4.3.4 智能洗碗机：优化喷淋五合一

在21世纪各种高科技产品盛行的年代，人们越来越渴望解放自己的双手，洗碗这种强度不高但是重复性强的劳动也逐渐被机器取代，越来越多的智能洗碗机在市场流行，例如西门子推出的这款智能全自动嵌入式洗碗机，如图 4-27 所示。

图 4-27　西门子智能全自动嵌入式洗碗机

之所以推荐这款洗碗机，是因为它的智能化程度令人惊叹。它的智能 5D 喷淋系统和三重烘干功能，能够在高压状态下长期维持稳定，一键实现更有效的洗涤，如图 4-28 所示。

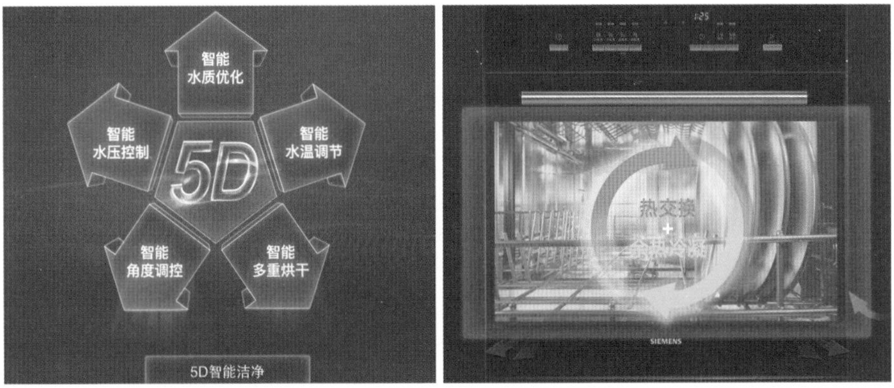

图 4-28　智能 5D 喷淋系统和三重烘干功能

一般的品牌洗碗机在工作之后会有水渍残留，从而导致机器发霉、有异味。而这款智能洗碗机升级打造，利用热交换和余热冷凝等技术，还能起到长效抑菌的作用。

4.3.5　智能冰箱：充分保鲜智慧管理

在过去温饱都不能满足的年代，科技异常落后，人们是否想到现在连冰箱都会拥有智能？不仅具有雷达感温功能，充分保障食材的新鲜，而且还有多种模式可选，如图 4-29 所示。

图 4-29　智能冰箱

海信这款冰箱的智能变频功能也已达到了市场领先水平，如图 4-30 所示。

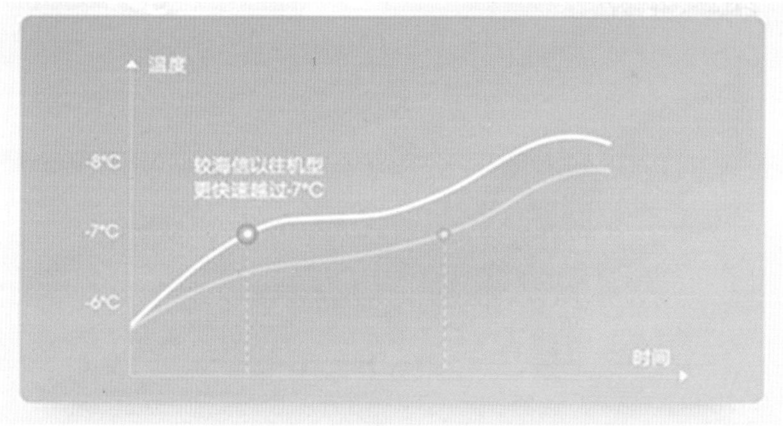

图 4-30　智能变频图解示例

众所周知，速冻的食物会形成冰晶，同时造成营养成分的流失。而这款冰箱能快速突破 -7℃冰晶带，更好地锁住食物水分。

另外，它还具有智慧管理和操控系统，能够连接手机 APP，让用户不在家也能远程操控冰箱，如图 4-31 所示。

图 4-31　智慧管理和智慧操控

专家提醒

这些智能家居产品的应用，充分体现出了人类的智慧，但是目前还只有少数人能够享受家居智能一体化，相信在不久的将来，智能家居一定会越来越融入我们的生活，更加惠及大众。

第 5 章

智能手机：新互联网强势来袭

如果说手机的兴起，让人们进入了互联网时代，那么手机+人工智能的模式，可以说是让智能手机插上了翅膀，尤其是 5G 时代的到来，推动了许多全新应用的落地。本章就跟着作者一起来看一看吧。

5.1 三大技术：智能手机新时代

人工智能发展到今天，已经不可逆转，就像工业革命带来的蒸汽机和汽车等，在今天这个角度来看，产品更迭已经发生了无数次，要想再回到过去使用马车的时代，已是不可能。在新时代的面前，个人的力量是十分渺小的。

人工智能也是如此，在这股潮流下，每个人都深受影响。手机也是人工智能的一种代表产品，尤其是在这个基本上人手一部手机的时代里，手机仿佛已成为人们的助手，利用了一些全新的技术，创造出全新的商业场景。

5.1.1 刷脸识别：让生活更便利

在商业领域，刷脸支付已成为越来越流行的一种方式。刷脸支付就是指利用刷脸识别技术，支付时省去手机扫码这一步骤，只需人脸识别，即可轻松付款，实现了双手真正意义上的解放。例如，支付宝就是利用全新的 AI 人脸识别技术，推出了付呗蜻蜓产品系列，如图 5-1 所示。

图 5-1　付呗蜻蜓

付呗蜻蜓采用双屏互动模式，支持多种收银功能，例如刷脸刷码，可以满足各种人群的消费习惯。它还支持广告营销、小票打印、语音播报、花呗分期、数据管理和会员营销等多种功能。最重要的是，它不用安装其他插件，只要连接上付呗就可以使用，简单又快捷。

另外，为了配合刷脸支付的上线，推进它的发展进程，支付宝还推出了一系列“刷脸活动”。例如，“12 月刷脸随机立减活动”和“9.20 刷脸 5 折活动”等，如图 5-2 所示。

88支付宝扫货节　　12月刷脸随机立减活动　　国庆黄金周活动　　920刷脸5折活动

图 5-2　支付宝推出的刷脸活动

5.1.2　语音识别：手机双向交互

人脸识别以及支付技术只是智能手机的发展方向之一，与此同时，手机语音识别技术也在飞速发展中。

手机语音识别应用主要有 3 个方向，如图 5-3 所示。

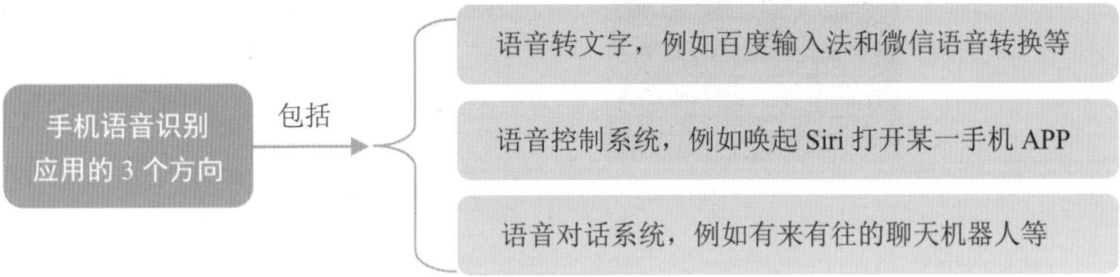

图 5-3　手机语音识别应用的 3 个方向

一般来说，手机应用商店里都有一款录音转文字助手 APP，不仅能高精准智能实时转写，还具有智能文件管理功能，如图 5-4 所示。

图 5-4　录音转文字助手

5.1.3 指纹识别：让生活更快捷

在还没有刷脸识别技术之前，最常使用的就是指纹识别技术。不管是打开手机还是解锁软件，都是利用指纹识别。下面以华为手机（P30 Pro）为例，我们来看看手机里的指纹究竟是怎么一回事。一般来说，在使用指纹识别之前，用户需要录入指纹，如图 5-5 所示。

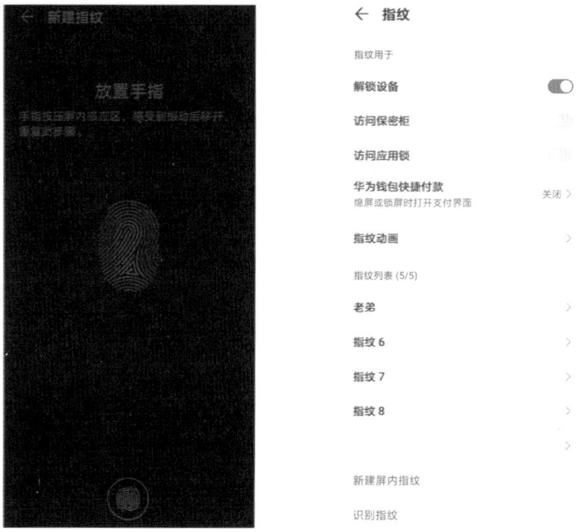

图 5-5　录音转文字助手

在录入指纹之后，用户还可以给指纹备注好名字。另外，在支付时，除了密码输入，还可以利用指纹支付，更加方便快捷，安全性更高。

5.2 盘点助手：手机品牌里的 AI

近年来，人工智能已深度融入我们的生活，但是它更多地连接在云端，而 5G 与 AI 的结合，能让更多应用落地到我们的智能手机上，这对科技发展来说是一个很大的进步。

5.2.1 OPPO 手机：拍照技术的领跑者

OPPO 可以说是率先将人工智能应用到手机拍照技术中的手机品牌商，如图 5-6 所示。目前，它的手机像素已达到了 4800 万超清像素。它利用人工智能，根据用户的面部特征，能在几百万种美颜效果里匹配最合适方案，而这一过程仅仅需要几秒，且不用手动设置，一键就能实现。即使是那些没有化妆就拍照的用户，也能有较为好看的自拍效果。

图 5-6　OPPO 拍照手机

除此之外，OPPO 手机还有 AI 修复功能和微信智能选图功能，如图 5-7 所示。它的 AI 修复功能可以还原以前的老照片。虽然逝去的时光已经回不来了，但是记忆仍然可以修补。OPPO 的这一功能强烈体现了设计的“人性化”，让用户时时刻刻都能感受到温暖。

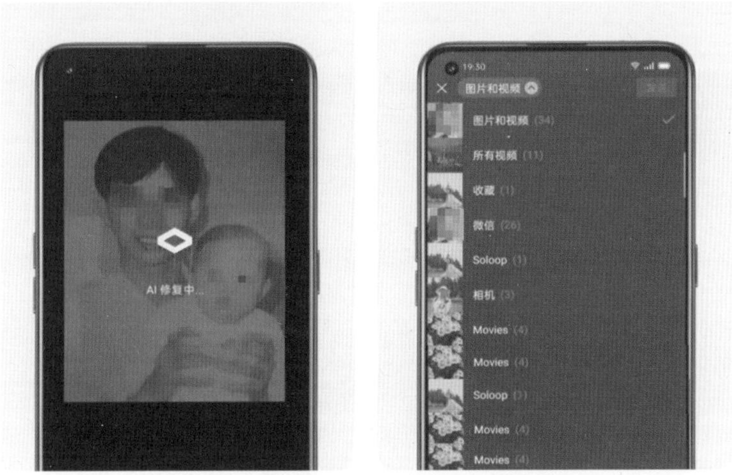

图 5-7　OPPO AI 修复和微信智能选图

除此之外，搭载 5G 的 OPPO 手机网络下载速度也快得惊人，接近 2GB 的王者荣耀 APP 最快 33 秒即可下载，用户再也不用花费时间等待；再加上利用人工智能算法，OPPO 手机能够针对不同的场景提供加速方案，智能预测可能出现的卡顿，及时满足软件的不同需求，玩游戏也都不再有压力，如图 5-8 所示。

图 5-8　OPPO 手机中的游戏可流畅运行

5.2.2　小米手机：智能定制温暖前行

小米手机的 AI 功能重点体现在自主研发的操作系统 MIUI 上，这个系统在市场上也广受欢迎。基于 MIUI 操作系统，小米自主研发了一套 AI 运动行为感知算法，最终在手机上落地实现，如图 5-9 所示。

图 5-9　小米自研算法应用

只要用户把手机揣在兜里，不管是步行，还是跑步和爬楼梯，都能被记录下来。另外，它还自带了睡眠监测功能，能够记录用户什么时候睡觉，睡了多久，睡眠程度如何，以及有没有打呼噜等。

专家提醒

一般来说，手机都会自带运动监测功能，但是不会自带睡眠监测功能，通常需要借助其他软件 APP 或者智能产品。小米作为人工智能市场上的领先者，这一设计可以说是十分贴心。

另外，小米手机还可以自由定制声音。只要用户录制 20 个声音文本，手机就能根据算法智能打造“小爱同学”，定制一套专属于你的聊天声音和风格，拉近你与手机的距离，如图 5-10 所示。

图 5-10　小米手机可自由定制声音

通过手机，“小爱同学”能自主连接其他智能家居产品，如图 5-11 所示。当用户更换路由器或 WiFi 密码时，小米账号下的智能家居设备无须重新连接。

图 5-11　小米手机可自主连接其他智能家居产品

手机与人工智能的结合，也能让我们的世界变得越来越温暖。小米手机上有一个专为听障人士设计的 AI 通话功能，能够帮助这些有沟通障碍的人与世界更好地交流，如图 5-12 所示。

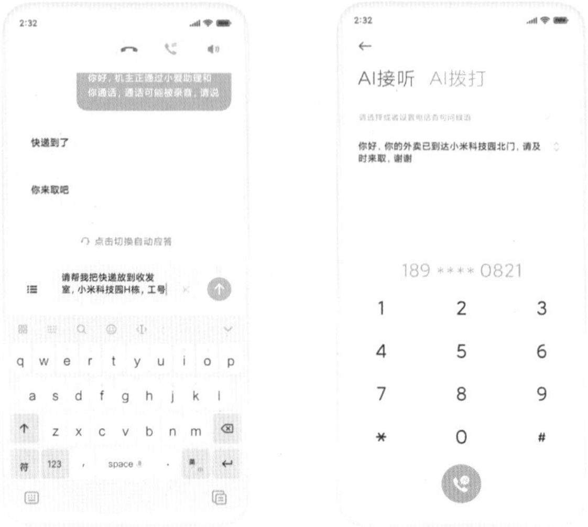

图 5-12　专为听障人士设计的 AI 通话功能

5.2.3　华为手机：情景智能芯片领先

2020 年，华为以它强大的技术底蕴和科技创新，发布了麒麟 9000 芯片，再次引起了全球轰动，如图 5-13 所示。

图 5-13　麒麟 9000 芯片

麒麟 9000 是利用先进的 5nm 制程工艺（指 CPU 等芯片的制作工艺）制作的 5G SoC 芯片。它的交互速度更快，能耗更低，信号更强。一直以来，华为品牌都以其良好的服务为用户所信赖，而后凭借坚实的 5G 技术底蕴，走在科技研发的前沿。

华为作为手机芯片里的领头羊，它旗下的手机也具备很多优异的功能。例如，利用 AI 感应技术，它可以识别用户的手势，如图 5-14 所示。用户可以进行隔空翻页阅读、浏览相册和接听电话等操作。

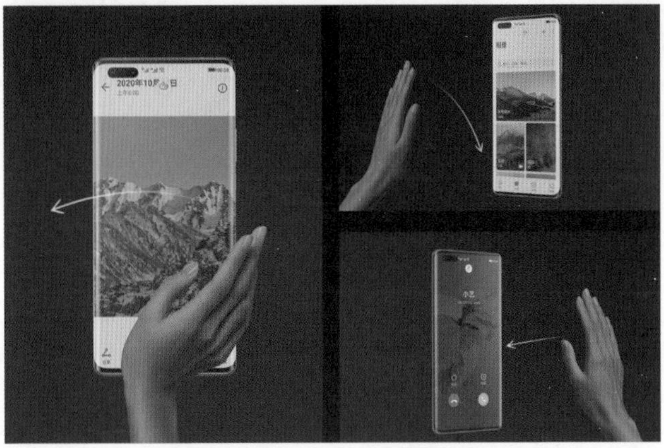

图 5-14　AI 感应隔空操作

另外，搭载了智能 5G 芯片的华为手机还具备智感支付功能，如图 5-15 所示。它具有超感知前置摄像头，能够迅速响应，然后弹出付款码。

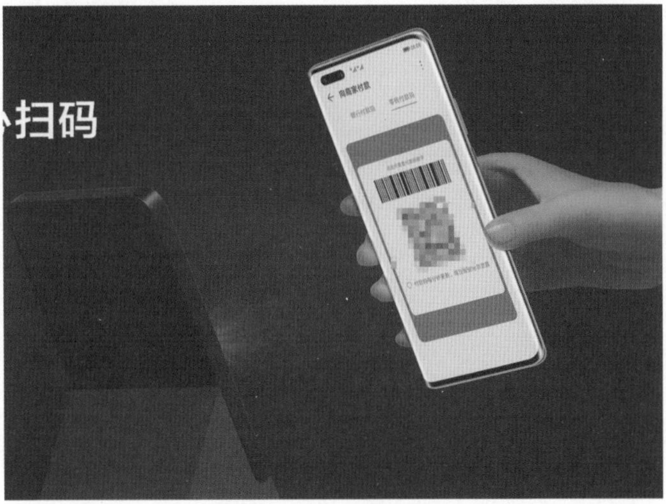

图 5-15　智感支付

利用人工智能技术进行实时翻译也是它的一大亮点。这一功能被广泛用于用户观看国外纪录片或者新闻，如图 5-16 所示。

图 5-16　AI 字幕

除此之外，华为手机也能利用 AI 进行跟拍，如图 5-17 所示。它的智能运动防抖模式让用户在长时间拍摄状态下也能保持画面稳定。

图 5-17　智能跟拍

5.2.4　苹果手机：智能拍照隐私优先

苹果手机作为国外市场里的领先者，也有很多我们值得学习的地方。例如，它的 A14 仿生芯片，其内部元件只有几个原子大小，这不仅使得手机性能有所提高，也改善了它的电池续航能力，如图 5-18 所示。

苹果手机的隐私保护也一直是市场上做得比较好的一项技术。图 5-19 所示为苹果手机的 Safari 浏览器。它拥有智能防跟踪功能，用户可以浏览网页，但是网站不能识别出用户本人。

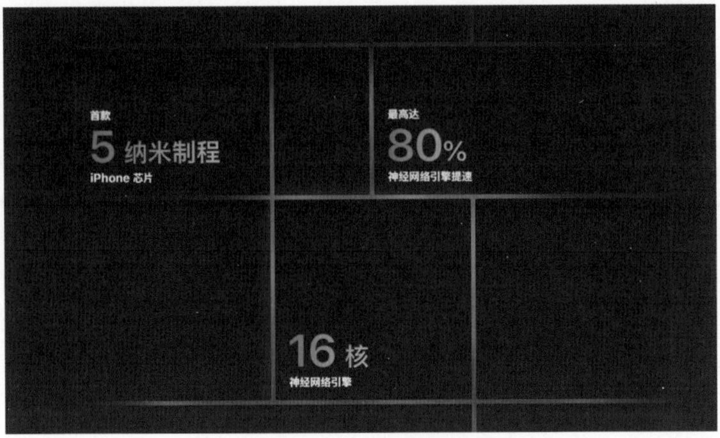

图 5-18　A14 仿生芯片

图 5-19　Safari 浏览器

5.2.5　vivo 手机：超薄机身音乐领航

vivo 是一家专注于产业生态连接的公司。它的研发中心遍布全球，在东京以及美国圣地亚哥等 30 个国家或地区都有其自主研发网络，全球用户高达 3.5 亿。

基于高通骁龙芯片，vivo 凭借它超薄的机身和经典的 Hi-Fi 音质架构，开启了其在手机领域里的智能时代，如图 5-20 所示。

到目前为止，vivo 的最薄机身能达到 7.49mm，其手感更加轻盈圆润。另外，部分手机还设有侧边指纹解锁，用户可根据自己的喜好选择合适的机型。

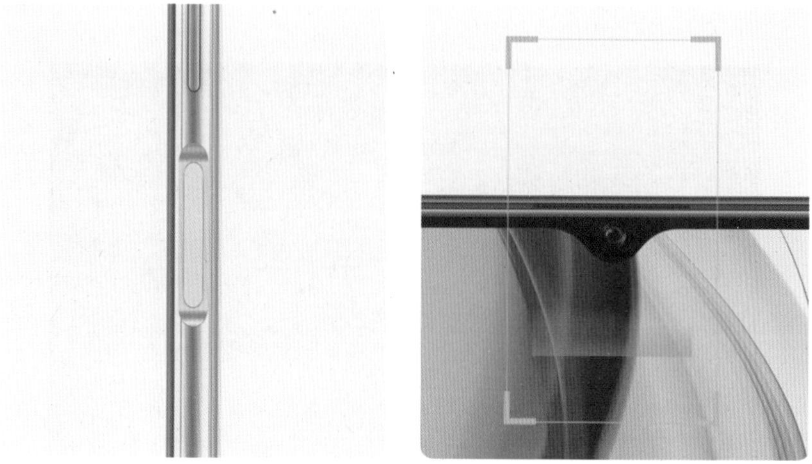

图 5-20　vivo 超薄机身和侧边指纹

vivo 手机还具有智慧影像模式，具备超感光摄像头、超广角镜头、专业人像摄像头和潜望式长焦镜头，能够拍摄全场景清晰影像，如图 5-21 所示。

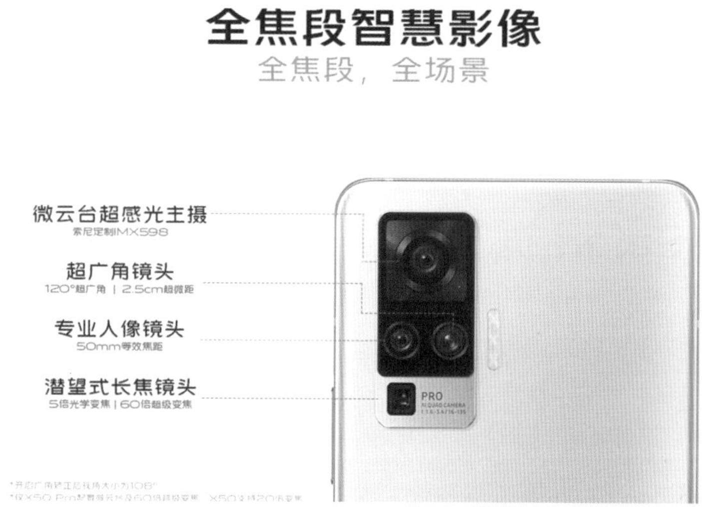

图 5-21　vivo 手机的智慧影像模式

vivo 手机还拥有 Jovi 智慧功能，不仅能够智慧识别场景，为用户提供快递查询和商圈便利信息等，还能长按屏幕识别题目和搜索百科，帮助用户更好地学习知识，如图 5-22 所示。

另外，vivo 手机还具备智能文档功能，能够将手机图片里的文字一键转换成可以编辑的文档，如图 5-23 所示。

图 5-22　vivo 手机的 Jovi 智慧场景设置

图 5-23　vivo 手机的智能文档功能

5.3　智慧生活：手机 APP 里的 AI

除了手机自带的 AI 功能，很多软件 APP 里也使用了人工智能技术，且应用十分广泛，从休闲到教育，从出行到商业，各行各业都有它的身影。

5.3.1　美图秀秀：AI 美颜更上一层楼

作为图片处理行业里的佼佼者，美图秀秀的图像处理技术发展得越来越完善。人工智能的兴起，给美图秀秀开辟了新的路径。基于计算机视觉技术，美图秀秀推出了 AI 开放平台，上线了许多 AI 拍照功能。例如，在美图秀秀的工具箱中，推出了“未来宝宝预测”等功能，可以通过 AI 一键预测宝宝的长相，如图 5-24 所示。

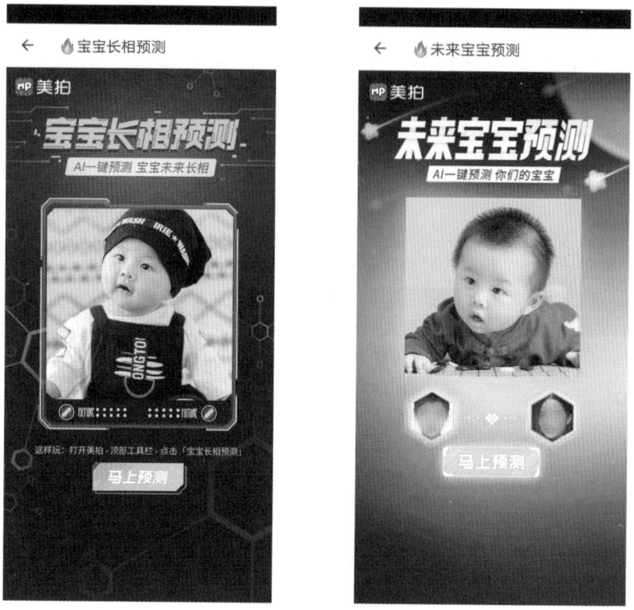

图 5-24　AI 预测功能

未来宝宝预测功能是基于计算机视觉技术和人像分割功能，对用户的面部关键点和五官特征进行分析，然后利用计算机深度学习框架，智能解析人像，找出与用户最匹配的模型。

专家提醒

随着时代的发展，人们的审美也发生了巨大的变化，而美图秀秀一直保持着与时俱进的良好品质，不断进行技术创新，通过各种方式满足用户的需求，以保护自己不被市场淘汰。近年来，更是利用 AI 相关技术和效果，成为深受众多年轻人喜爱的拍照软件。

另外，美图秀秀 APP 还推出了迪奥 AI 美妍功能，不仅能识别人物的皮肤状态，还能生成报告，智能提出解决方案，如图 5-25 所示。这项功能主要应用于人像定位、彩妆和美型。利用人脸技术获得的照片质量以及细节处理得更加优秀，更符合大众的风格。

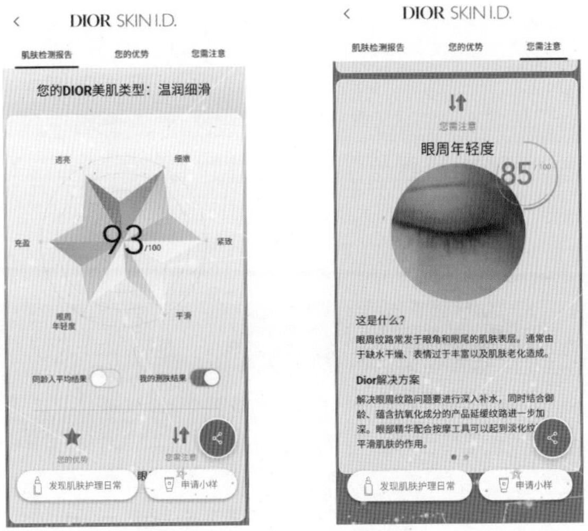

图 5-25　AI 皮肤检测

5.3.2　形色 APP：智能识图每日一花

在外出游玩时，你是否还在为不知道某一种花的名字而苦恼？那么，形色 APP 刚好可以帮你解决这个问题。形色是一款识别花卉和植物的智能 APP，能够识别 4000 多种植物，并且利用 AI 算法、深度学习技术和强大的影像能力，再结合图像处理技术，使其能在 1 秒内准确识别出花或植物的名称，如图 5-26 所示。

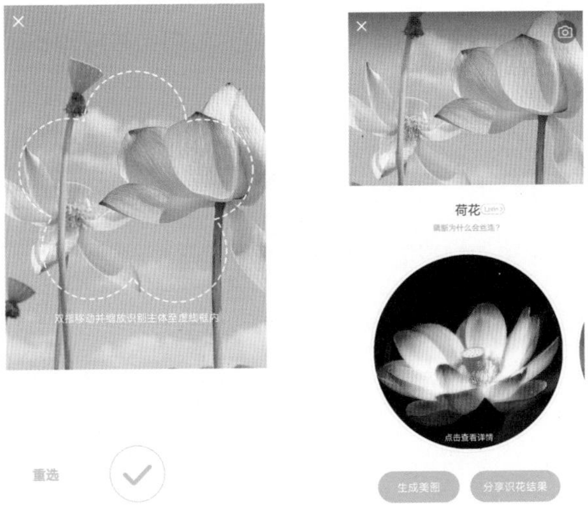

图 5-26　智能识花

5.3.3 哈啰出行：哈啰大脑智能决策

走在城市的大街小巷，几乎每隔一段路都能见到共享单车，以前不被看好的哈啰出行也在它的不断创新发展中获得了一席之地。哈啰出行自主研发的智慧系统——哈啰大脑，稳定了它在其行业中的技术地位。

基于哈啰大脑这一智能决策中心，衍生出了一系列智能产品和应用，例如智能调度和智能派单，如图 5–27 所示。

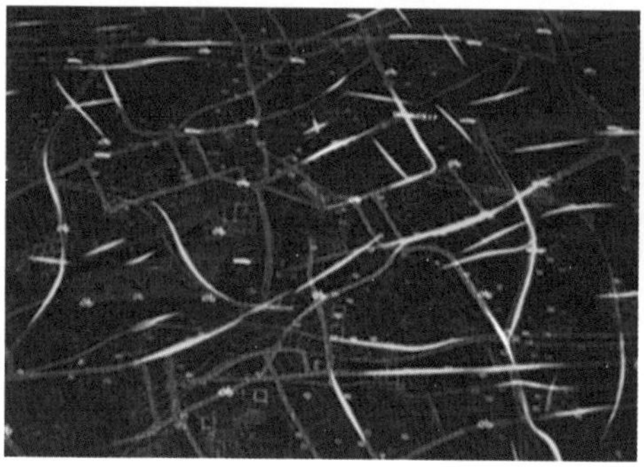

图 5–27　智能调度和智能派单

智能调度和智能派单是指在没有人为干预的情况下，利用人工智能和机器学习，自主完成运维派单，找寻运维人员与地点的最佳匹配。

智能锁是哈啰出行的核心智能硬件，能够提升车辆定位的精准度，帮助用户更好地寻找车辆，如图 5–28 所示。它还具有智能自诊功能，能及时将车况诊断结果上传给服务器，帮助管理者对故障车辆进行快速维修，提高工作效率，同时为用户提供更优质的骑车体验。

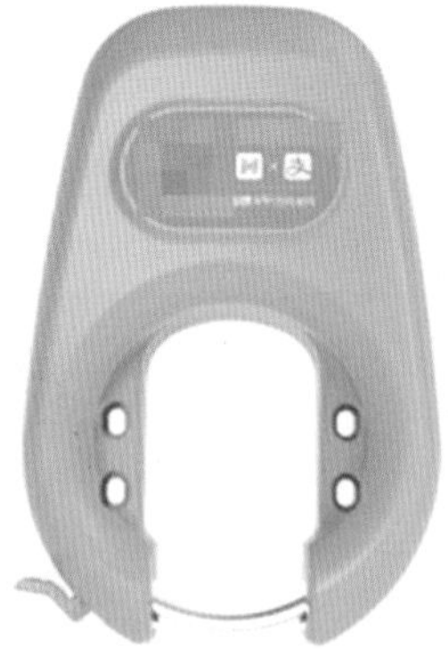

图 5–28　智能锁

为了解决共享单车停放无序的难题，哈啰出行还推出了“蓝牙道钉”，如

图 5-29 所示。用户只有在规定区域内才能开锁和关锁，若违规停放，就得支付相应的赔偿，这为创建更友好的城市环境做出了巨大贡献。

图 5-29　蓝牙道钉

另外，哈啰出行还推出了自主研发的 Argus 智能视觉交互系统，能够对所在区域的共享单车数量和骑行需求进行智能判断和管理，如图 5-30 所示。

图 5-30　Argus 智能视觉交互

5.3.4　美团 APP：吃喝玩乐样样齐全

看到这个标题，有些读者可能会想："美团哪有什么 AI？它不就是一个普普通通的软件吗？"如果你真的这么想，那说明 AI 已经确确实实地融入了我们的生活中，无声无息。

美团其实是国内成立最早的团购网站，可想而知它的底蕴是多么深厚。事实上，美团应用到的 AI 技术包括智能感知、图像理解、智能决策和人机交互等多个方面，如图 5-31 所示。

图 5-31　美团应用到的 AI 技术概览

正因为如此，美团的业务范围囊括了餐饮、酒店和交通等多个方面。以餐饮为例，美团为用户提供了电子菜单、供应链管理、外卖管理和会员营销等一站式服务，帮助餐饮企业创造更大的价值。图 5-32 所示为美团餐饮的云技术架构。

图 5-32　美团餐饮的云技术架构

第 6 章

智能办公：引领数字化的未来

现今，人们对于办公的环境以及效率要求越来越高。在AI赋能下的产业变迁中，智能办公的应用场景也越来越广泛。本章从数字化时代入手，讲述人工智能为办公所带来的便利，并详细介绍了四大智能办公平台以及一些办公硬件。

6.1 技术创新：数字化智能网络中心

人工智能说到底，就是数字化转型，用数据驱动来改进研发和生产中遇到的问题，帮助人们改善生活。在这一标准下，各类科技巨头都在积极布局智能办公，试图打造数字化智能网络中心，进而让企业的创新之路在 AI 赋能下走得更快、更远。

6.1.1 数字化人脉：高效企业管理

毫不夸张地说，中国已进入数字化时代。对于很多企业来说，人脉就等于资源，那么人脉也可以转变成数据吗？企业如何才能抓住这个机遇，为自身创造更大的价值空间呢？相信这是很多企业正在思考的问题。下面就以钉钉为例，看看它是怎么打造数字化人脉和实现智能办公的。

基于人工智能技术，钉钉推出了数字化活名片功能，只要扫一扫，就能在商务会议上完成多人名片交换，如图 6-1 所示。

图 6-1 数字化活名片

收集名片后，钉钉后台还会根据公司、地区和职位对名片进行智能管理分类，方便用户随时查找。

目前，还有许多企业正在使用钉钉进行企业人事管理。例如，某知名公司就是利用钉钉企业通讯录功能，进行扁平化管理，如图 6-2 所示。企业通讯录有助于企业解决找人难的问题，能提高跨部门合作效率，还能节省沟通成本，提高工作传达的准确性。

图 6-2　企业通讯录

6.1.2　数字化企业支付：简化程序

除了人脉，企业的账户管理和财务审批也是无法避免的一项程序。数字化企业办公支付功能，能够实现审批程序智能化，并且与支付无缝对接，让管理人员一键完成支付打款，如图 6-3 所示。

图 6-3　数字化企业办公支付

下载钉钉之后，企业工作人员的报销发票和回单都可一键下载打印，无须登录网银和输入收款账号等程序，审批和收款都是一站式完成。

另外，同事之间聚餐时，还能通过钉钉智能收款助手，直接发起收款并将账单置顶，以此提醒未付款的同事，避免了当面催收的尴尬，如图 6-4 所示。

图 6-4　钉钉智能收款助手

6.1.3　数字化智能文档：多人多端

智能文档是指能够实现多人文档协同工作、多端在线编辑的工作平台，这一功能被广泛用于教育行业。通过使用智能文档系统，所有人均可随时随地地进行在线创作，实时协同编辑文档，任何人打开文档后看到的永远是最新版。同时，用户还可以 @ 同事和添加评论，让同事间的协作更加流畅，互动方式更灵活。例如，上海市某中心小学的教学数据杂乱，没有统一汇总，甚至还在使用手动统计。但是，自从使用智能文档后，所有表单都可一键导出，统计极为便利，如图 6-5 所示。

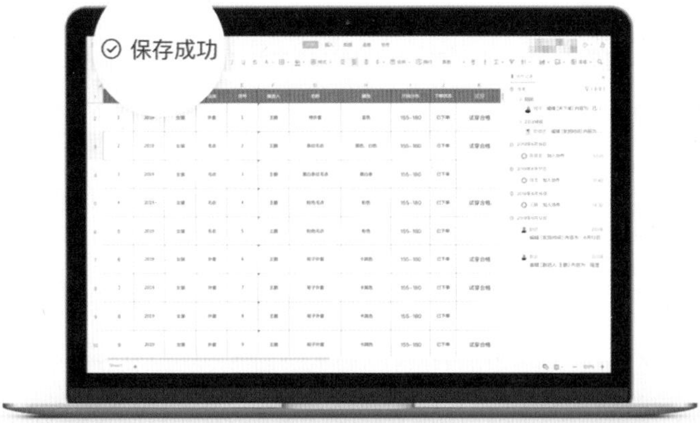

图 6-5　智能文档

6.1.4 智能客服中心：无障碍沟通

钉钉数字化智能客服中心是指以机器人为依托的智能云客服和智能问答办公电话，这两者共同构成了钉钉沟通交流平台。

办公电话是指为企业专门提供的商务电话，仅供内部人员使用，但它也是热线电话的一种。它能够保护员工的隐私，即在拨打时不会显示个人电话号码，但是能够显示企业专属号码，提升企业的外部形象，如图 6-6 所示。

图 6-6 办公电话

> 专家提醒
>
> 面对数字化转型这个机遇，钉钉推出的一站式智能办公解决方案，在市场上获得了极大的反响。在数字经济规模高速增长的今天，钉钉将这些 AI 应用免费提供给中小型企业使用，帮助他们实现智能化管理，提升了整体竞争力。

6.2 科技创新：数字化高效智能平台

以 AI 技术赋能数字化智能平台，是传统企业进行技术融合的全新尝试，进一步推动了智能办公的发展，提升了办公效率。随着市场的不断扩大，企业竞争也会越来越激烈，如何发挥出企业自身的差异性优势，将成为日后竞争的关键着力点。

在这个背景下，各大科技平台研发了许多智能办公系统或者软件。本节作者将逐一进行介绍。

6.2.1　科大讯飞：听见智能会议

科大讯飞一直致力于打造软硬一体的办公新时代，随着“AI+ 办公”的需求越来越大，为了针对用户的使用痛点和不同的场景，它在智能办公领域也发布了一系列云会议产品。

例如，科大讯飞针对商业会议需要，推出了“听见智能会议系统”，能够同时满足实时语音转写、中英文混合识别、多语种互译、在线编辑和过滤语气词等多种会议操作，如图 6-7 所示。

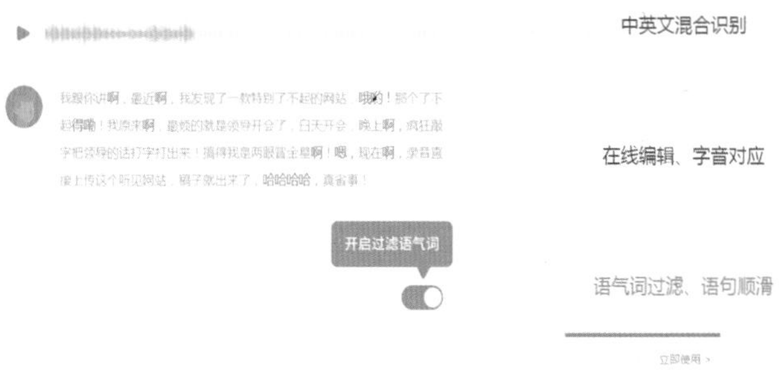

图 6-7　听见智能会议系统

依托于先进的语音技术，科大讯飞听见智能会议系统还能便捷共享屏幕，不管是移动端还是电脑端，所有参会人员都可积极参与互动，如图 6-8 所示。

图 6-8　共享屏幕

结合 AI 技术，科大讯飞还为新闻媒体工作者打造了一整套流程的产品，其中包括智能文稿唱词系统、智能直播字幕系统、智能虚拟播报系统、智能内容监审平台和智能内容管理平台，如图 6-9 所示。

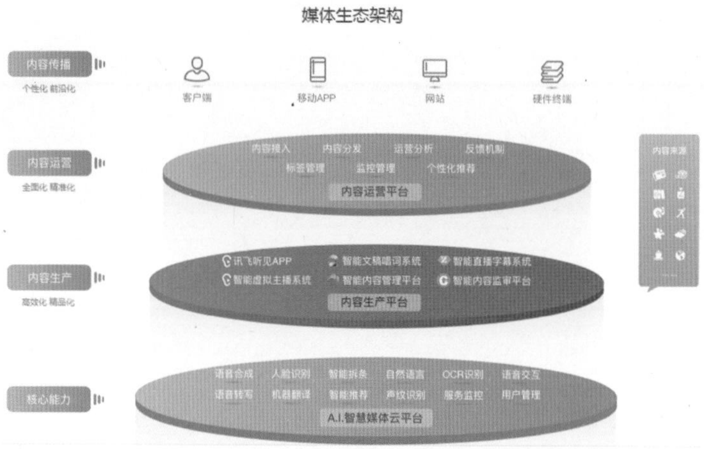

图 6-9　智能媒体生态流程

6.2.2　微办公：适合销售的平台

微办公是一个智能一体化的移动办公平台，适合销售行业的客户管理，能够添加联合跟进人，直观了解下属的客户跟进情况，对联系人、商机和合同等进行统一管理，如图 6-10 所示。

图 6-10　微办公的客户管理界面

微办公是能锁住客户资源，保障客户信息不再流失的管理平台，能有效累积企业资本，促使业绩更快达成。

同时，微办公还拥有智能人机交互语音功能，如图 6-11 所示。它的智能语音助手能够快速发起与“微秘”语音的会话，从而可以下达找人、看工作简报、工作事项问答以及安排行程等多种命令。

图 6-11　微办公的智能人机交互语音功能

另外，微办公基于公司商业服务，能够利用智能算法和大数据平台，定时推送公司简报，提升公司管理水平，并自动判断公司实际运营情况，为管理者提供决策数据支撑，如图 6-12 所示。

图 6-12　微办公的智能简报

6.2.3 泛微：智慧互联政务一体

泛微智能办公是腾讯战略投资的，能与企业微信相连的移动工作平台。基于 AI 语音交互技术和泛微 OA 场景，企业为每个成员配备了一个全天候智能语音助手——“小 e”。它具有四大智能化功能，例如业务处理智能化和知识问答智能化等，能够帮助工作人员完成数据查询、审批和日程管理等日常办公问题，如图 6-13 所示。

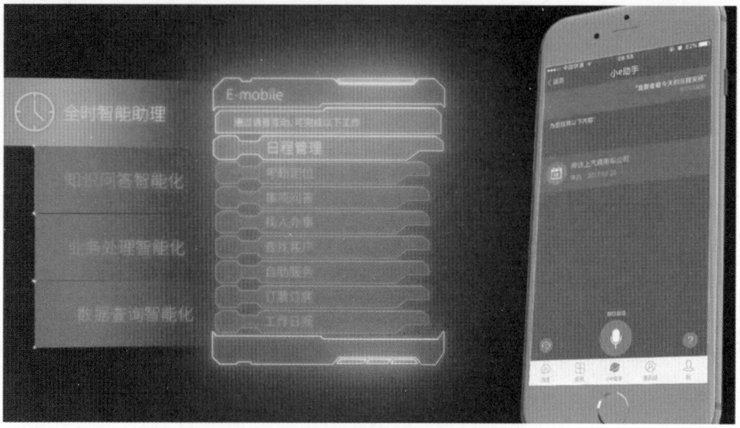

图 6-13 泛微的智能化功能图解

“小 e”通过人工智能技术，具有感知、理解、行动和学习能力，使它成为一个新的智能应用入口，有利于减少重复工作。

除此之外，它还支持手机办公操作，能够智能识别请假时企业人员需要处理的工作内容，并及时发布到工作者手中，如图 6-14 所示。

图 6-14 泛微的业务处理

泛微的智能化还体现在它能够签署智能合同，如图 6-15 所示。当领导出差时，合同无人审批，有可能会导致客户的流失。智能合同可以让领导在外地也能审批紧要合同，同时它还提供合同内容自动审查和风险查询功能，电子签章同样具有法律效应。

图 6-15　泛微的智能合同管理

根据图 6-15 所示，细心的读者就会发现，泛微的智能技术同样适用于政务办公。它不仅能够智能收文和自动电子署名，还可以智能跟踪项目流程，具备流程审批、公文管理和党建管理等多功能，如图 6-16 所示。

图 6-16　泛微智慧政务办公

对于政府工作来说，要实行公开透明的政务管理。如果系统内部杂乱无章，将不利于群众的监督查询。为此，泛微推出了智能督察督办平台，可以简化工作页面，自定义平台功能，利用 AI 对重点项目重点处理，如图 6-17 所示。

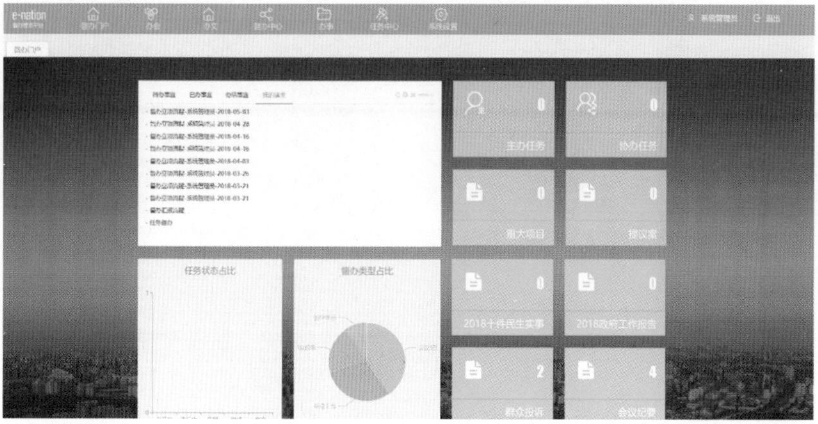

图 6-17　泛微的智能督察督办平台

6.2.4　飞书服务台：AI 高效客服

飞书服务台是结合 AI 与人工客服，为行政、财务、IT 和人事等多种客服场景提供的智能解决方案，如图 6-18 所示。

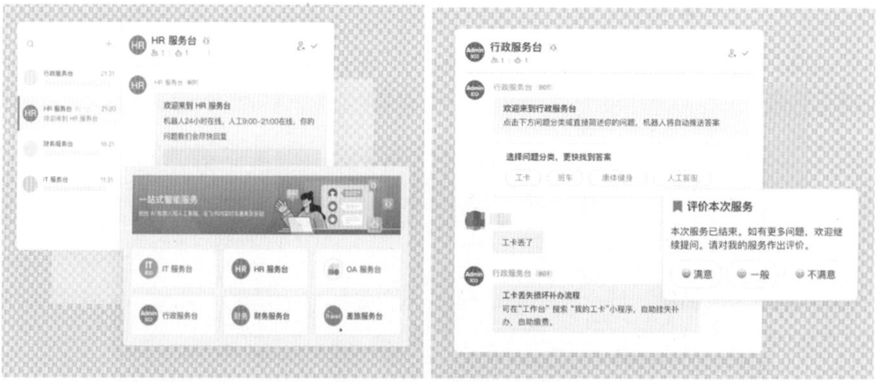

图 6-18　飞书的多场景服务台

在服务台配置机器人，是高效答疑重复性问题的关键技术所在。飞书的多场景服务台功能有效地减少了人力投入，避免了重复答疑，提升了企业效率，实现了员工的高效沟通。

飞书服务台还能自动分析机器人问答的准确率和有效性，评估客服满意度，并提供多维度数据报告，如图 6–19 所示。

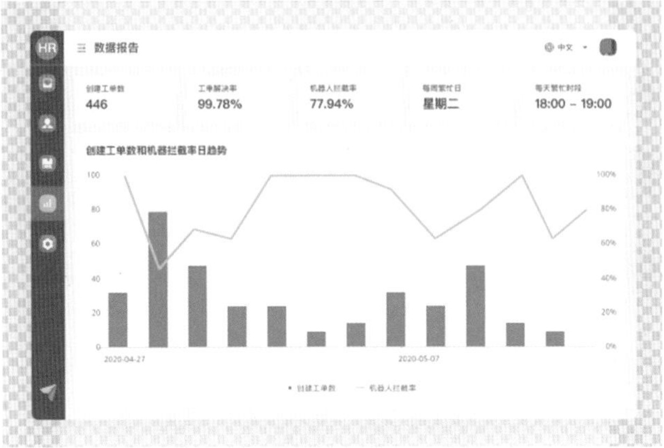

图 6–19　智能数据分析报告

6.3　办公好物：打造一流智能会议室

移动办公平台和智能办公硬件的结合是打造一流工作场所非常重要的方向。近年来，智能硬件也是人工智能创新的一个亮点，各大生态巨头们不断尝试新的方向，研究范围包括前台、办公场所以及会议室等方面。

6.3.1　智能鼠标：硬件界的新宠儿

科大讯飞融合了语音技术、自然语言处理、计算机视觉和机器翻译等核心 AI 技术，推出了这款智能鼠标，成为硬件界的宠儿，如图 6–20 所示。

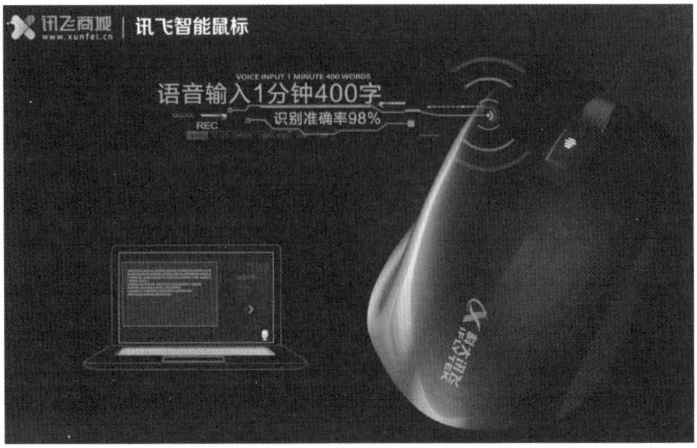

图 6–20　智能鼠标

那么，这款智能鼠标究竟有何独特之处呢？

首先，它不需要打字，仅仅依靠前端双麦克风，就能完成文字编辑工作，每分钟能录入 400 字，准确率高达 98%。同时，它还是一个小型翻译机，支持英语、日语、韩语和俄语等 28 种语言翻译，不管是出差还是旅游，都是用户的智能好帮手。

另外，它还是用户的语音小助手。只要用户用语音操控，它就能自主打开电脑，自动查询天气或者行程，还拥有购物或支付功能，如图 6-21 所示。

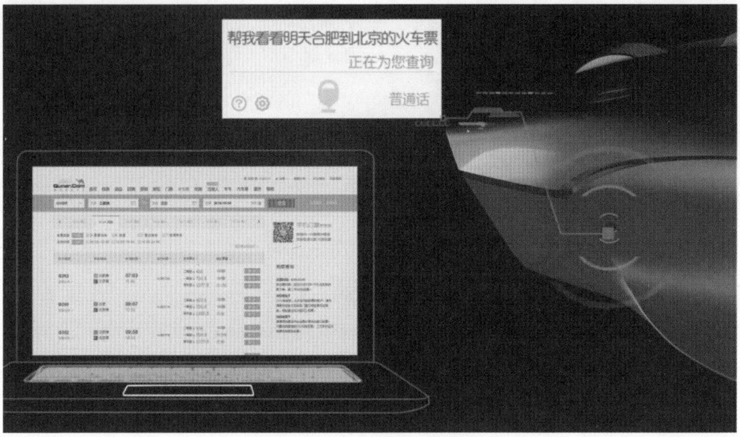

图 6-21　语音小助手

6.3.2　智能办公本：解放用户双手

依托于 AI 技术，企业办公效率越来越高，尤其是智能办公本的使用，很大程度上解放了我们的双手，如图 6-22 所示。

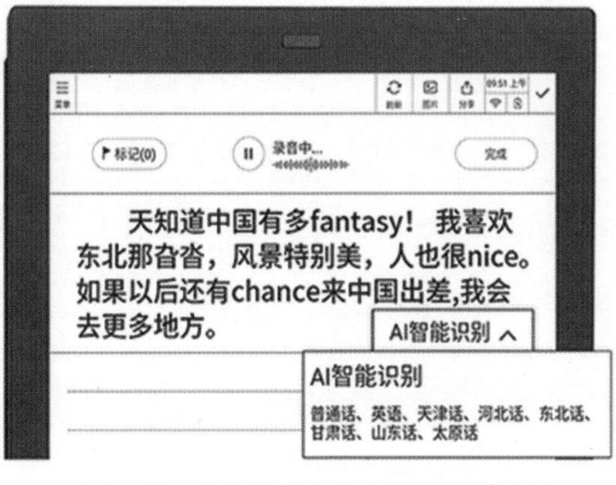

图 6-22　使用智能办公本进行会议记录

智能办公本不仅能识别多种方言，录音完成后还能进行语音修改，完善文本内容，如图 6-23 所示。

图 6-23　修改完善文本内容

除了利用 AI 进行语音识别等基本功能，它还能模拟人声进行语音播报，例如模仿大人的声音为孩子讲故事，让孩子更有亲切感。

6.3.3　智能无人前台：接待一体化

钉钉智能无人前台是一款多模态智能交互产品，如图 6-24 所示。它不仅能听会说，还会认人，能够应对前台多种复杂场景。

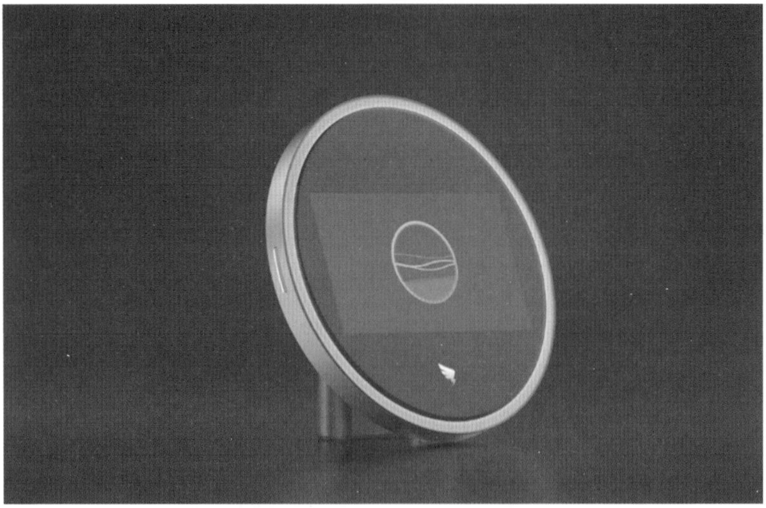

图 6-24　钉钉智能无人前台

对于身份已知员工，它能进行人脸自主识别，实现智能考勤。只要人员走近，就能自动发起判断。如果是身份未知人员，它能快速响应，引导访客进行登记。

另外，它还能及时更新访客信息，并进行智能统计，一键导出访客记录，如图 6-25 所示。

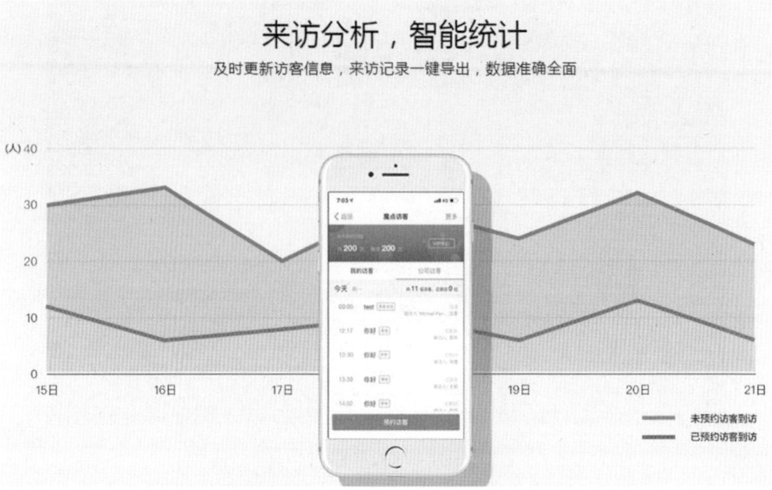

图 6-25　钉钉智能访客分析

6.3.4　智能云打印：全员网络共享

智能云打印不同于传统打印机，它能够跨网络全员共享，只需要一台电脑、一台打印机，利用人工智能技术就能将打印机共享给全公司，如图 6-26 所示。

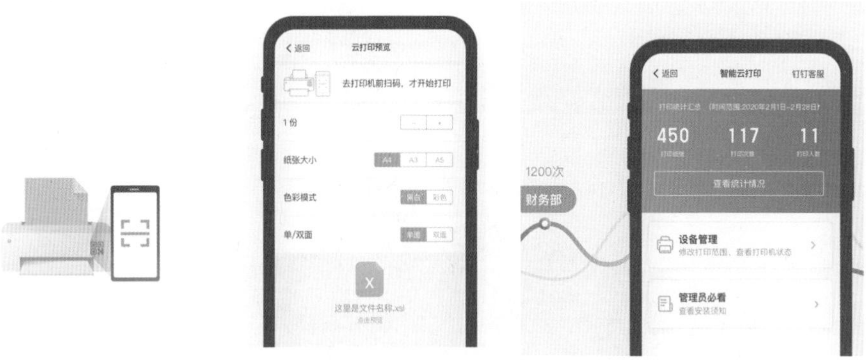

图 6-26　智能云打印

智能云打印不受网络和地区限制，即使工作人员在出差时也能打印，而且还能按部门统计消耗。企业人员也可扫码进行打印，防止信息泄露。

6.3.5 智能会议平板：全能小助手

智能会议平板是基于 AI 人机交互系统和方法组成的电子白板，如图 6-27 所示。它不仅支持 10 人同时书写，还具有语音识别和远程操控等功能。

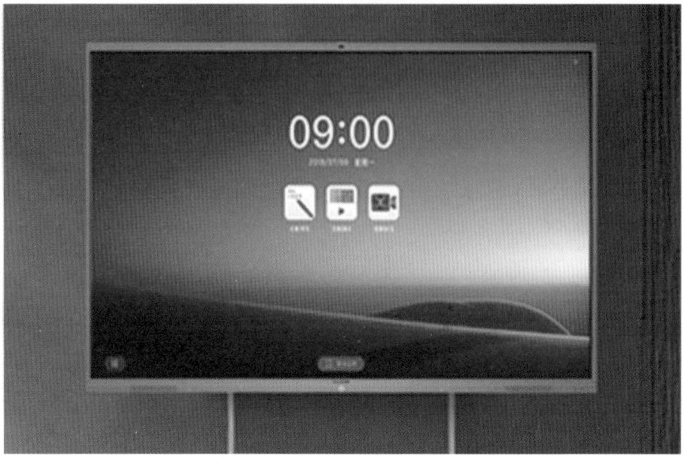

图 6-27 智能会议平板

这种智能会议平板一般需要配备专用智能笔，如图 6-28 所示。笔迹的粗细可以自由选择，它还具备上下翻页、一键签注和激光远控等功能。

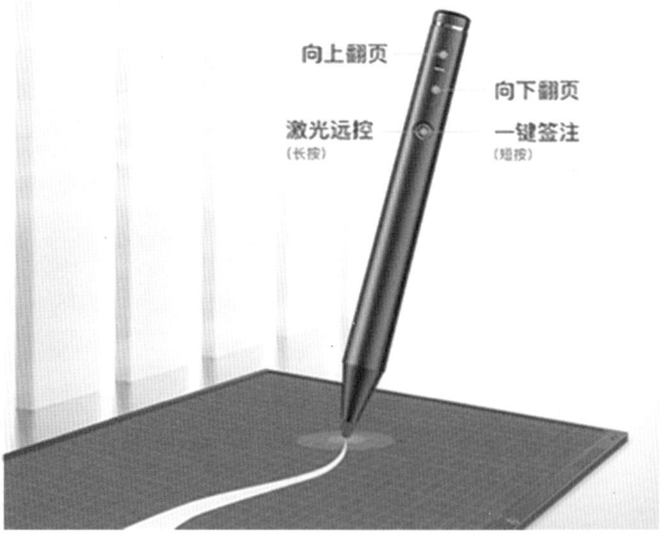

图 6-28 智能笔

它内置的云会议功能，还支持更高效的远程功能。例如，在会前，可以一键预约通知，智能提醒参会人员；开会时，可以远程批注，多方人员共享屏幕；会后，可以在线反馈进展，还可以智能生成二维码，参会人员可扫码带走会议纪要，实现云端共享最大化，如图 6-29 所示。

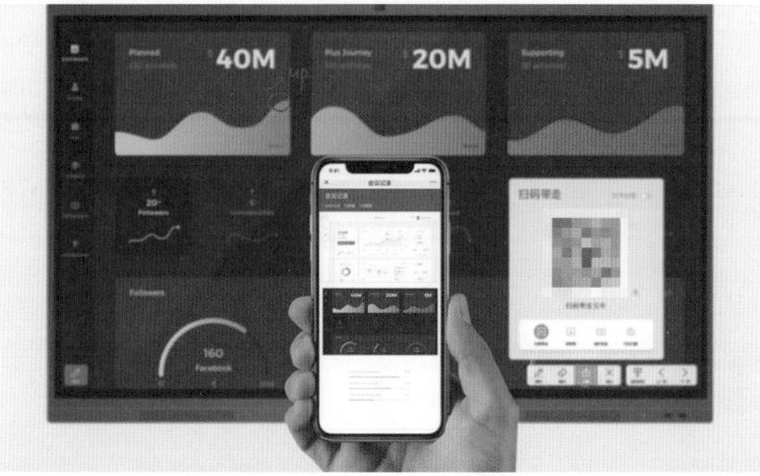

图 6-29　智能生成二维码

6.3.6　智能扫描仪：连翻连拍高效

基于 AI 图像处理和 OCR 文字识别技术，智能扫描仪是能自动扫描并检测书籍的设备，如图 6-30 所示。

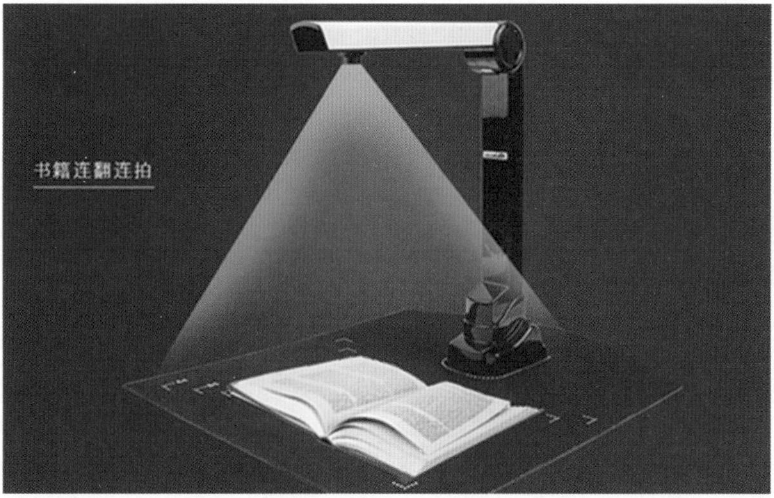

图 6-30　智能扫描仪

与传统扫描仪不同的是，智能扫描仪能识别页面弯曲程度，并利用激光辅助立体展平技术，让用户只需翻页就能扫描书籍，解决了传统扫描仪难以扫描书籍边缘的问题。另外，它还能自动去除手指和黑边，使扫描效果更加干净清晰，如图 6-31 所示。

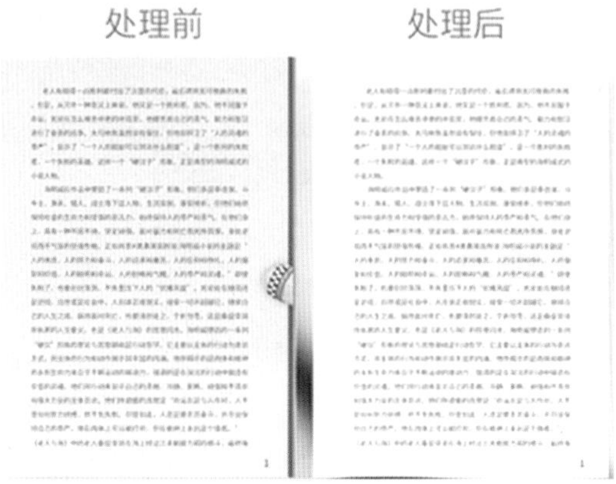

图 6-31　智能去除手指和黑边

不仅如此，智能扫描仪还能扫描沙画、雕塑和石刻等静物作品，这也是它比传统扫描仪优异和智能的地方。

6.3.7　智能路由器：智能行为管理

路由器是企业、酒店和商城等大型网络场所必不可少的设备之一。随着 AI 技术的发展，路由器也变得越来越智能化，从以前的有线变成无线，体积也越来越小。图 6-32 所示为维盟智能路由器，它具有强大的流量自主分配能力。

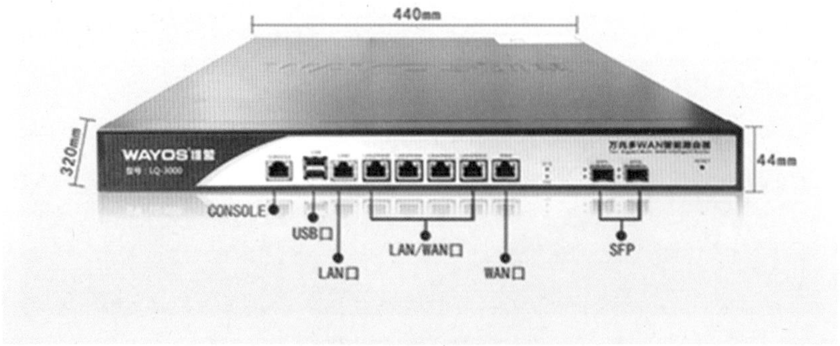

图 6-32　维盟智能路由器

维盟智能路由器的强大性体现在它具有行为管理和流量控制功能。例如，它能通过网络智能分析各活动主机的使用情况，从而对各部门宽带自动调整，优先保障急需使用网络的部门，如图 6-33 所示。

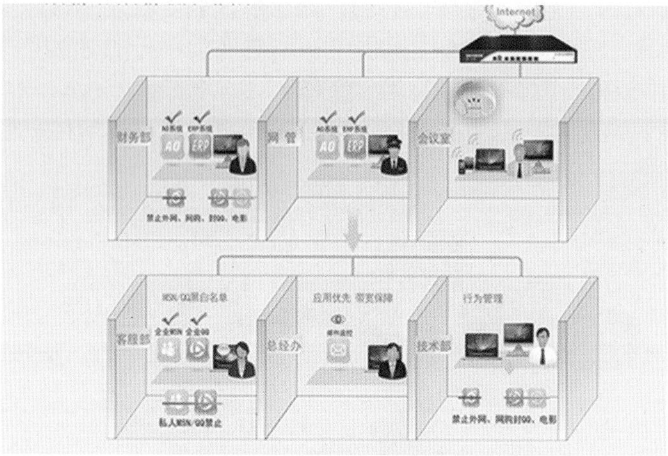

图 6-33　无线路由器行为管理和流量控制

另外，它还能够封住迅雷、腾讯游戏和腾讯视频等上班期间无须使用的软件流量，引导上班人员合理使用网络。智慧 WiFi 营销平台也是它的亮点之一，如图 6-34 所示。它能针对不同的 IP 和代理，配置自己的平台界面，包括欢迎页面、商家页面和引导地址等。

图 6-34　智慧 WiFi 营销平台

这一功能的好处是，一方面可对商家进行精准定位分析，方便工作人员查找；

另一方面也可起到宣传作用。

6.3.8 AR 眼镜：沉浸式会议体验

相信很多人都遇到过需要外出办公、无法参加重要会议的紧急情况。为解决这一问题，AR（增强现实）眼镜提供了一个与现实平行的 3D 世界，让用户即使在外地，也能在一个虚拟会议室洽谈工作。

AR 眼镜套装包括一副 AR 眼镜，可单手持握的触控手柄和一个计算单元，轻便时尚，如图 6-35 所示。

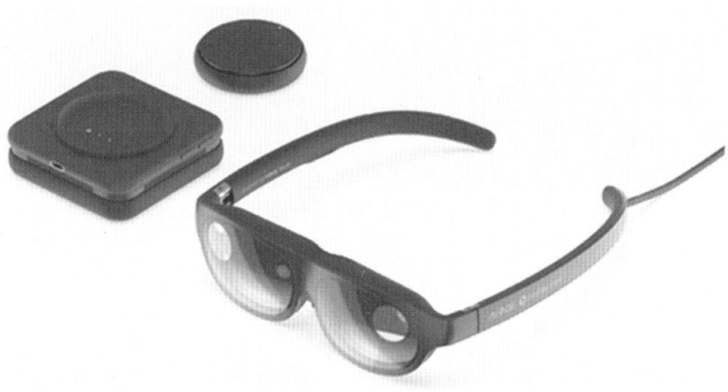

图 6-35 AR 眼镜套装

AR 眼镜有 3 种模式，即环绕模式、演讲模式和协同模式。环绕模式适用于多人协同会议，开会时可与其他参会者进行流，可切换屏幕和调整屏幕位置，为用户带来沉浸式的会议体验；演讲模式主要适用于展示者演讲 PPT；协同模式是线上平行协同空间，适用于多个会议，如图 6-36 所示。

图 6-36 AR 眼镜协同模式

第 7 章

智能穿戴：健康实用超乎想象

随着“AI + 5G +云”技术的发展，智能穿戴产品已经融入了我们的生活。本章详细介绍了九大智能穿戴产品以及它们的功能特点，并就智能穿戴未来的发展趋势做出简单讨论，希望读者能从中获益。

7.1 未来科技：智能穿戴的新技术

顾名思义，智能穿戴是指可以直接穿在身上或者充当配饰，并能将数据与云端连接或有软件支持的设备，它给我们的行为和生活带来了很大的改变。

智能万物互联的时代正在到来，通信技术的发展也给智能穿戴带来了更多的可能性，其未来具有非常大的发展前景。

7.1.1 AI + 5G +云：未来新互联网入口

很多人可能认为，5G 就是网络速度更快，延迟更低。但是，作者认为，相比起 5G 带来的网络流量，它更大的应用在于与云计算，甚至与人工智能的结合。

1. 5G +云

云计算是互联网、虚拟化技术共享资源等先进系统、技术相结合的产物，主要以互联网为中心为用户提供庞大的数据资源支持，同时不受时间和空间的限制。另外，在 5G 技术支持下，云计算可以与移动端的设备更好地进行融合，提升移动端的数据处理能力。正因为如此，云计算被广泛用于各个方面。腾讯、三星和华为等领先企业迅速利用云计算成本低、安全性能高的优势，结合自身需求，构建出整体的解决方案。

这种革命性的改变，使视频和游戏领域的互动体验更加逼真，也引发了各种交互式智能穿戴设备的兴起。例如，华为云推出的 VR（Virtual Reality，虚拟现实）眼镜，它能带给用户在虚拟世界里的极致体验，如图 7-1 所示。

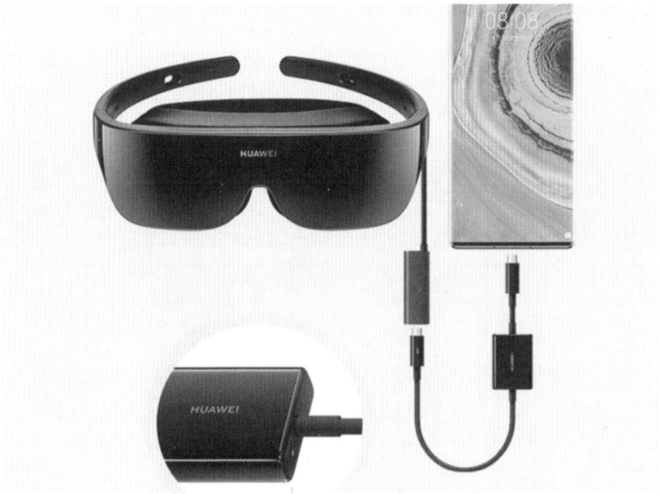

图 7-1 VR 眼镜

目前，VR 眼镜需连接手机或者电脑使用，但随着设备的发展和云计算越来越优的功能，未来 VR 的独立化也有可能。

2. AI + 5G + 云

基于云计算和 5G 的普遍发展，与人工智能有关的高科技产品不再高不可及。人工智能需要建立在云计算的基础之上，这样最大限度地降低了研发成本。

云计算、5G 和人工智能这三者之间只有相互协同配合，才能实现效益最大化。例如，使用云计算产生大量数据，5G 负责传输和连接，人工智能则是负责打造具有想象力的产品。AI + 5G + 云的巧妙组合，将释放出无限的能量，让智能穿戴设备功能更加多样化。

7.1.2 蓝牙 5.0：低功耗高速快捷连接

蓝牙是目前智能穿戴设备最常用的技术之一。相对前一代蓝牙 4.2 来说，蓝牙 5.0 的传输距离更远，大幅度提升到了 300 米，也就是说整个家庭或者办公室设备都可以稳定连接。另外，它的传输速度是蓝牙 4.2 的两倍，这意味着其具备更强的数据传输功能和更低的功耗。

于是，智能无线耳机应运而生，如图 7-2 所示。蓝牙 5.0 与人工智能技术的结合，让耳机具有超长的续航能力。例如，菲尼泰双耳 G16 蓝牙耳机，据称可以做到充电 20 分钟能播放 300 小时，又使其具备智能降噪系统，让音效更加接近真实人声。

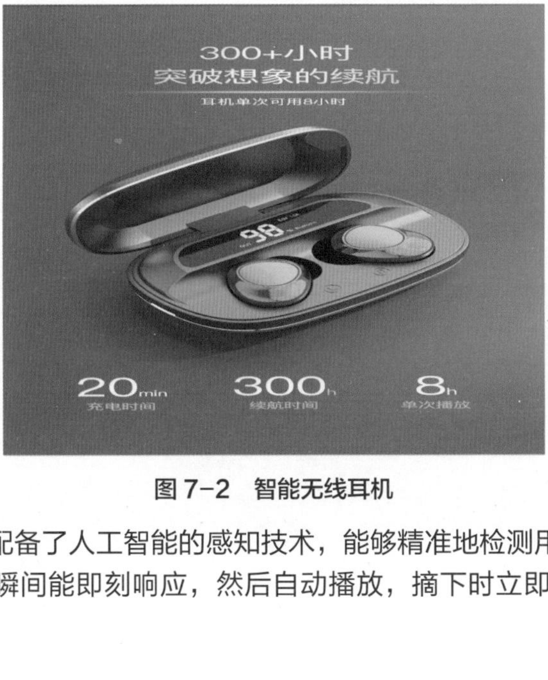

图 7-2　智能无线耳机

另外，它还配备了人工智能的感知技术，能够精准地检测用户的使用情况。用户戴上耳机的瞬间能即刻响应，然后自动播放，摘下时立即暂停。AI 指纹识别技术也可用于蓝牙耳机中，如图 7-3 所示。用户只要触摸耳机两下，便可上下切换歌曲；触摸一下可以暂停歌曲或是接听电话；触摸时间长达 3 秒，便可调整音量大小；触摸两秒，可以唤起耳机语音助手。

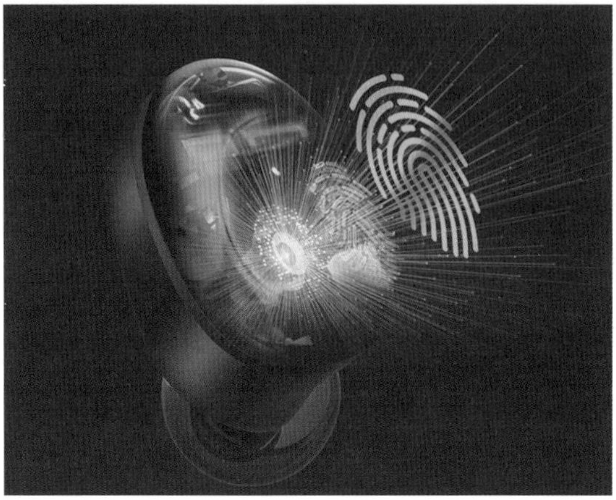

图 7-3　AI 指纹识别技术应用于蓝牙耳机

7.1.3　eSIM 卡设备：独立的通信基础

eSIM 卡设备往常是应用在移动手机上的。对于小巧轻便的智能穿戴设备来说，多一张 eSIM 卡就意味着体积和重量的增加。但是，eSIM 卡设备也为智能穿戴带来了独立的通信网络。大家最熟悉的一款应用应该是小天才儿童手表，如图 7-4 所示。

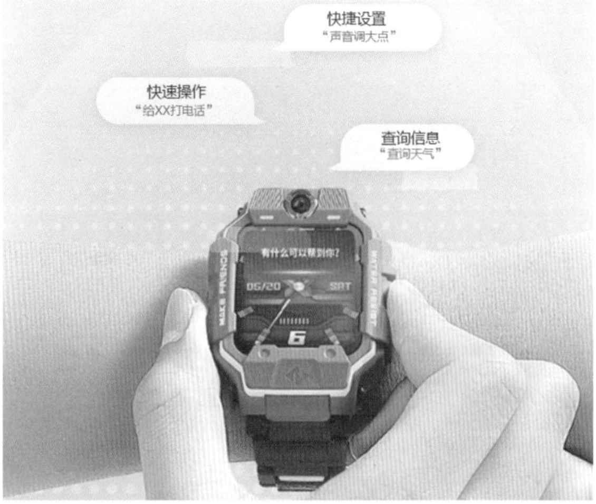

图 7-4　小天才儿童手表

人工智能技术与 eSIM 卡设备的结合，让小天才儿童手表不仅具备了电话功能，还拥有 AI 语音助手，孩子仅用声音操控就能拨打电话。

不仅如此，它还具备 5G、WiFi、AI 定位和乘公交刷卡等功能，能够让人工智能技术融入孩子生活的方方面面，如图 7-5 所示。同时，家长端也可以通过手机实时查看小孩的位置，为孩子的安全提供了一定的保障。

图 7-5 小天才儿童手表可实现 AI 定位和乘公交刷卡

另外，有了 eSIM 卡设备的加持，小天才儿童手表还研发了更多的智能化功能。例如，以往在手机 APP 上才能实现的智能识物功能，在小天才儿童手表上也能实现，如图 7-6 所示。

图 7-6 小天才儿童手表可实现智能识物

7.1.4 语音交互技术：解决人机问题

智能穿戴应用的另一交互技术就是智能语音。其实在前面 7.1.3 小节中提到过，小天才儿童手表也具备智能语音交互技术。

尽管由于智能穿戴设备的体积较小，在一定程度上限制了它的功能，但是语音交互技术却为它打开了一扇新的大门，提供了无限的可能性。例如，智能穿戴市场的“大佬”——Apple Watch 智能手表，如图 7-7 所示。

图 7-7　Apple Watch 智能手表

与手机一样，Apple Watch 智能手表也配备了 Siri 语音助手，能够帮助用户解决生活中的各种问题，甚至包括刷卡支付功能，如图 7-8 所示。

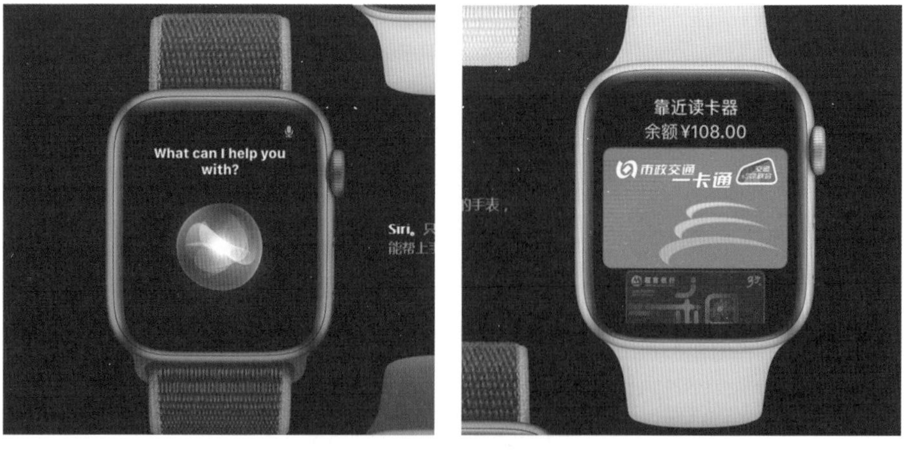

图 7-8　Siri 语音助手和智能支付

另外，Apple Watch 智能手表还具备血氧监测功能。全新的血氧传感器会检查用户手腕上的血管，然后人工智能算法会根据采集回来的数据，计算用户血液的颜色和含氧量，如图 7-9 所示。

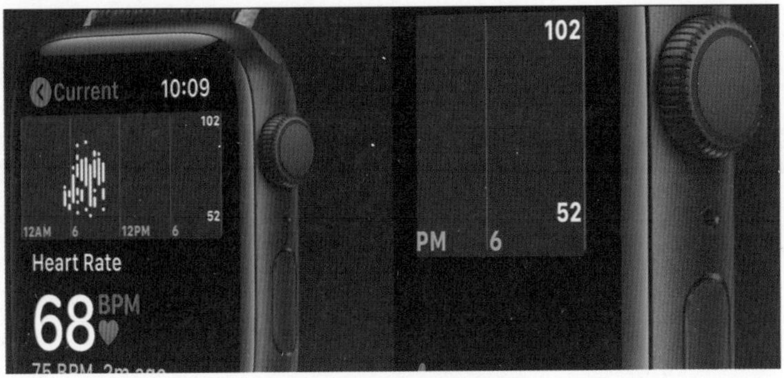

图 7-9　血氧监测示例

7.2　全面体验：穿戴产品永不下线

目前，市场上的智能穿戴设备种类繁多，主要有智能手环、智能眼镜、智能颈环、智能服饰和智能跑鞋等，集合了体育运动、接打电话、健康监测和娱乐社交等多种功能，可以说是从头到脚装配齐全，本节就为大家逐一介绍。

7.2.1　谷歌眼镜：近视者的福音

当眼镜冠上了“智能”这个代名词时，它的功能就不仅仅是视力矫正了，如图 7-10 所示。它还是你的生活小助手，能全方位满足你的智能生活。

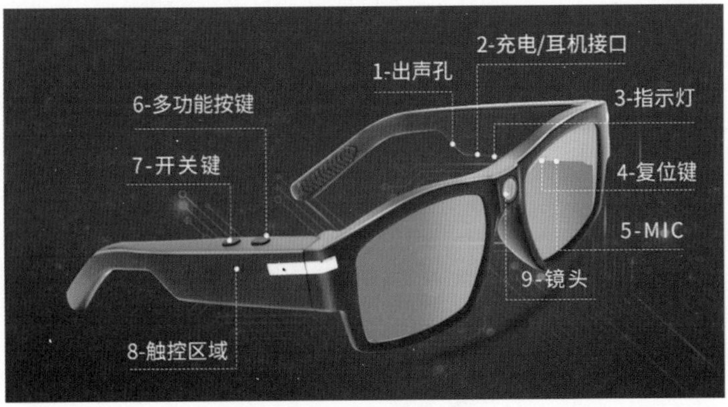

图 7-10　谷歌眼镜

看到它配备了这么多按钮，就可以推测它的功能不简单。首先，它的迷你摄像头设计使其具备拍照、录像和远程直播功能。其次，它的语音操控功能，能将照片、视频分享到朋友圈、QQ 空间和微博等社交平台，如图 7-11 所示。

图 7-11　社交分享平台

不仅如此，它还是你的行车记录仪、语音导航帮手和电话小助手，在医疗录像、交通执法、现场教学和企业监控等方面也得到了广泛的应用。

7.2.2　颈椎按摩仪：智能黑科技

智能颈椎按摩仪是专为上班族打造的黑科技产品，如图 7-12 所示。利用蓝牙 5.0，实现小程序无线智能可控，同时具备语音功能，4 个按摩头可以缓解颈椎压力。

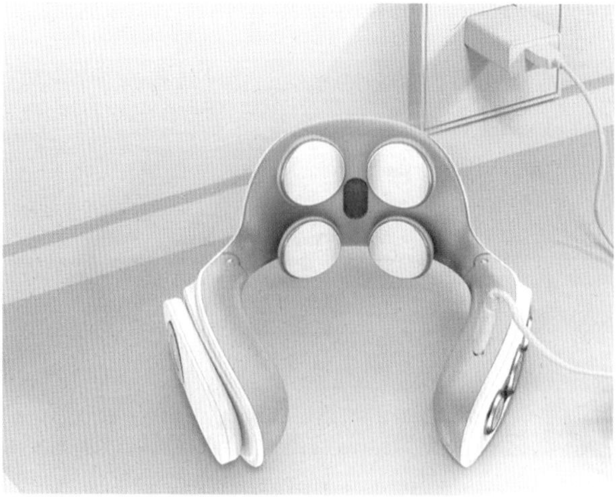

图 7-12　智能颈椎按摩仪

它采用 U 形环颈设计，能够缓解颈椎压力，同时具备三大智能模式，即活力模式、智能模式和舒缓模式，如图 7-13 所示。它的智能模式是指利用智能低频脉冲电流，能够使设备保持恒温，并且具有智能语音提示操作，不管是老人和小孩，还是上班族，都可以使用。

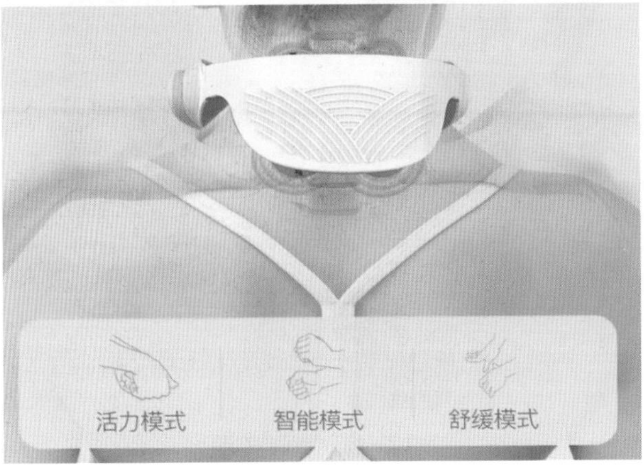

图 7-13　颈椎按摩仪的三大智能模式

7.2.3　智能内衣：舒适恒温发热

天冷时节，对一些户外工作者和年迈的老人来说，是一项挑战。科技发展的宗旨也是以人为本，智能内衣的研发在某种程度上可以说具有重要意义，如图 7-14 所示。

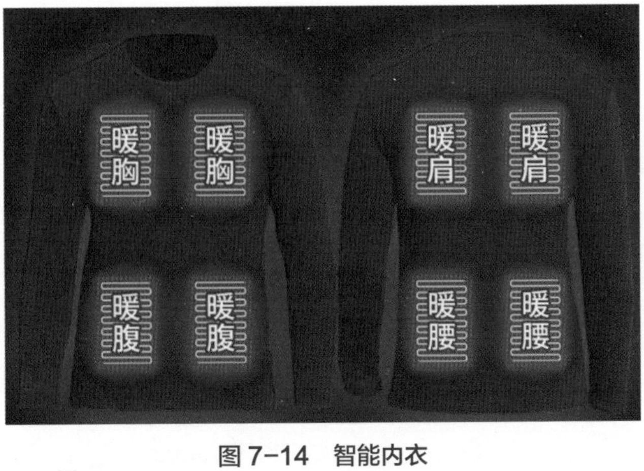

图 7-14　智能内衣

智能内衣又叫智能发热服，能够在数秒之内，通过电热黑科技——碳纤维丝远红外发热，让冬天不再寒冷。另外，智能内衣还能智能连接 APP，具备 5 档温区调节，智能恒温，让用户一直处于舒适范围内，且当温度偏高时还具备自动断热功能，如图 7-15 所示。

图 7-15 智能控温

7.2.4 体内电子：最小的起搏器

智能穿戴在医疗方面也有十分广泛的应用。例如，当今全球体积最小、质量最轻，但是可以刺激心脏挽救生命的心脏起搏器，如图 7-16 所示。它能智能感应患者的心脏活动状态，使其正常跳动。

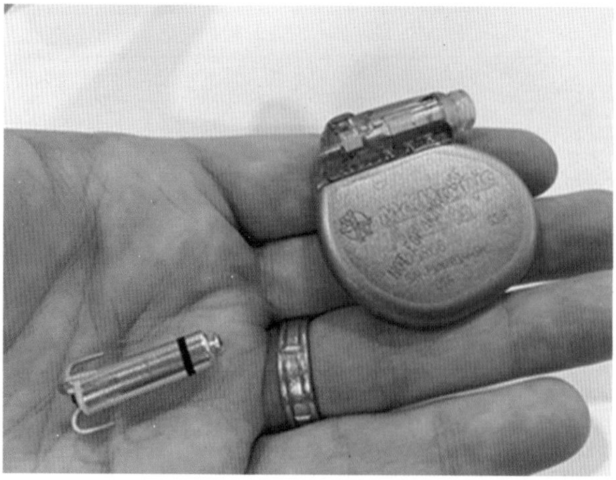

图 7-16 最小的起搏器 Micra

这颗心脏起搏器的形状像一颗子弹，虽然体积小，但是里面包含了传感器、电池和微芯片，可以供患者使用很多年。

7.2.5 心晴耳机：倾听内心声音

随着现代化进程的加快，很多人生活的压力也越来越大，如何进行健康心理调节也成为人们日渐关注的一个问题。人工智能的发展已不满足于我们的物质生活，而是更加体现在我们的精神层面。例如，能够检测用户心情的荣耀心晴耳机，如图 7–17 所示。它不仅能听歌，还能根据用户心情智能推荐歌曲，给用户带来更舒适的体验。

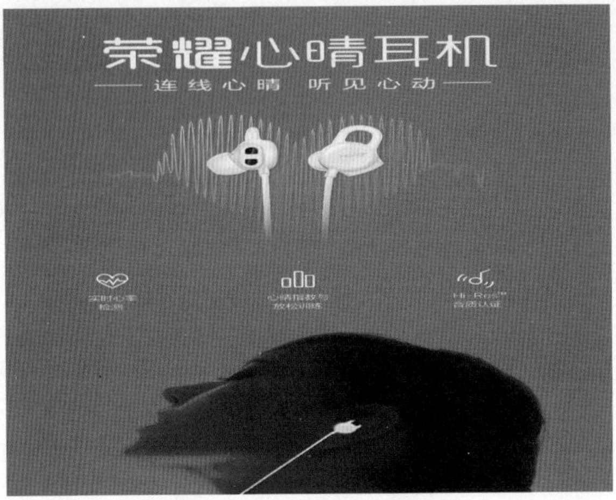

图 7–17 荣耀心晴耳机

基于 HRV 心率变异性算法，荣耀将心率转换为心晴指数，可以评估用户的压力等级，并有针对性地进行放松训练。图 7–18 所示为心晴指数的等级划分示例。

图 7–18 心晴指数的等级划分

结合人工智能技术，耳机也能帮助人们放松心情。这套算法与中国科学院心理研究所共同研发，且得到了有效验证。

7.2.6 智能腰带：精准同步防丢

现今，随着人工智能的发展，只要加载智能芯片，腰带也能成为用户的私人管家，如图 7-19 所示。它具备的语音功能可以让其与手机连接。

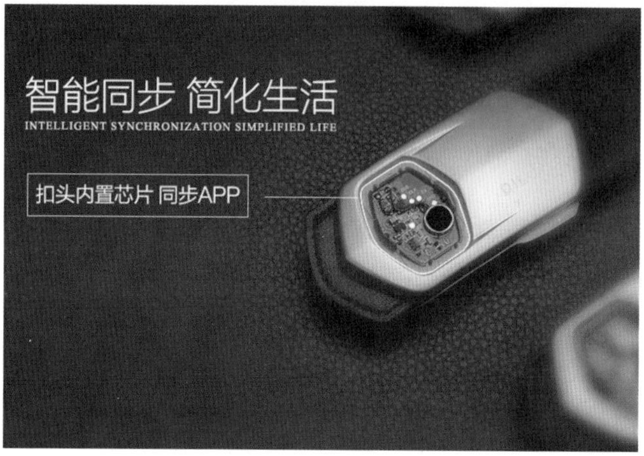

图 7-19 智能腰带

智能腰带不仅能与手机 APP 同步，还能在用户离开手机一段距离时，强烈震动扣头，这样用户再也不用担心忘带手机了，如图 7-20 所示。

图 7-20 智能防丢

另外，智能腰带内含的智能芯片还能跟随腰部产生运动数据，实时监测步数，避免了手环跟随手臂摆动带来的误差，测量更加精准，如图 7-21 所示。

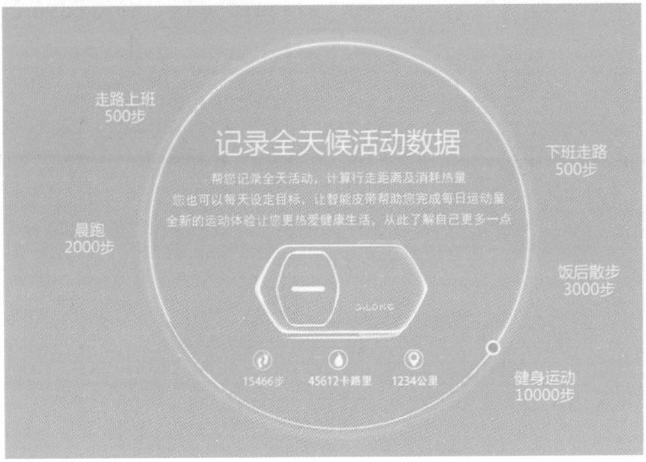

图 7-21　智能腰带监测步数更加精准

7.2.7　智能钱包：指纹识别上锁

在线上消费如此普及的时代，人们在外出时，虽然可以通过手机完成大部分的支付场景，但仍然需要携带一些必要的证件、银行卡或现金，此时智能钱包就能帮上大忙。图 7-22 所示为美国 Cashew 自带指纹识别的智能钱包。封闭式的设计，让其安全性更高，还能智能连接手机 APP 上锁。

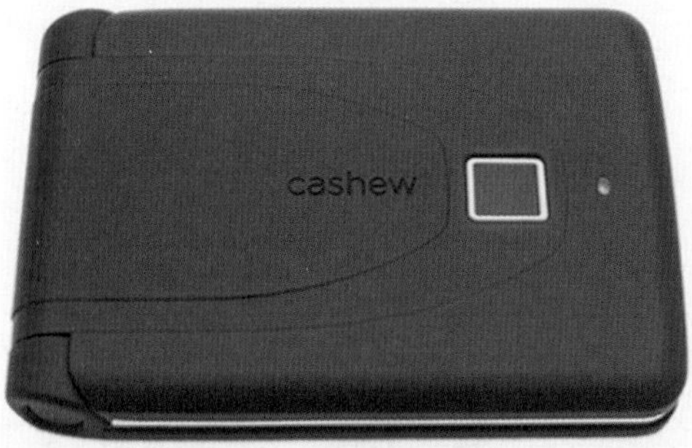

图 7-22　智能钱包指纹上锁

智能电子锁只能识别用户授权者，若有陌生人试图开锁，与其相连的应用程序会发出报警。另外，钱包内部还配置了蓝牙模块，若是用户不慎丢失钱包，可以通过内置的 GPS 进行定位，如图 7-23 所示。

图 7-23　智能钱包追踪功能

7.2.8　智能跑鞋：运动姿势校正

咕咚智能跑鞋是一款常见的智能运动装备，如图 7-24 所示。与传统跑鞋不同的是，它内部具有智能芯片，能够识别用户跑步和暂停状态，让用户可以随时了解里程、跑步姿势和卡路里消耗等基本数据。

图 7-24　咕咚智能跑鞋

咕咚智能跑鞋内置芯片与手机专用软件连接，且具备语音指导功能，能校正用户跑步姿势，如图 7-25 所示。

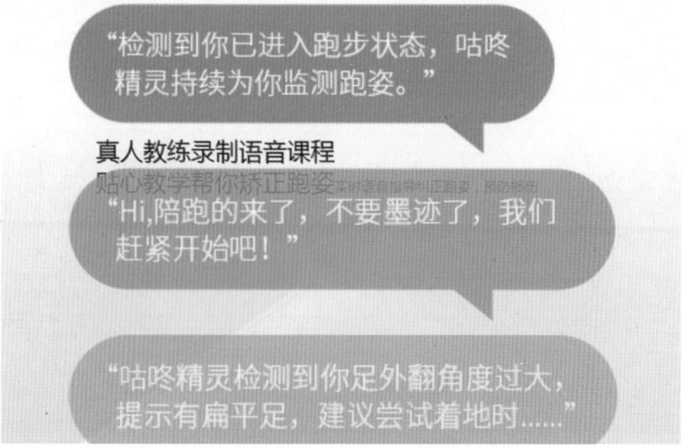
“检测到你已进入跑步状态，咕咚精灵持续为你监测跑姿。”
真人教练录制语音课程
贴心教学帮你矫正跑姿
“Hi,陪跑的来了，不要墨迹了，我们赶紧开始吧！”
“咕咚精灵检测到你足外翻角度过大，提示有扁平足，建议尝试着地时......”

图 7-25 咕咚智能跑鞋的语音指导功能

运动后还能导出心率分析图表，让用户可以分析不同阶段下对应的心率值，全面了解自己的跑步状态，如图 7-26 所示。

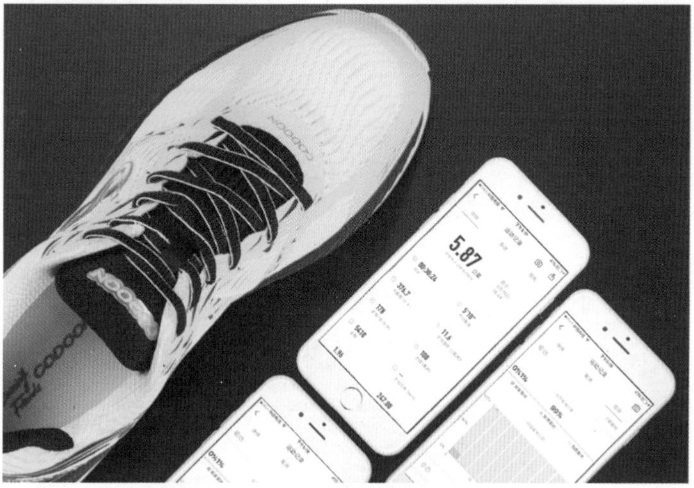

图 7-26 运动后数据分析

另外，除了内置芯片跑鞋，咕咚还有外置卡扣佩戴式跑步精灵，适合所有的绑带跑鞋，如图 7-27 所示。咕咚跑步精灵同样具有智能跑步姿势校正功能，它还能独立存储 7 天数据，就算不连接手机也能全面记录运动数据，包括骑行时的踏频数据、冲击力和骑行时间等。

图 7-27　咕咚跑步精灵

7.2.9　智能血压轴带：在家听诊

当你想去医院检测一下血压和做心电图，却发现人山人海时，是不是极其不方便？图 7-28 所示的智能血压轴带，能满足你在家就能测血压和做心电图的需求。

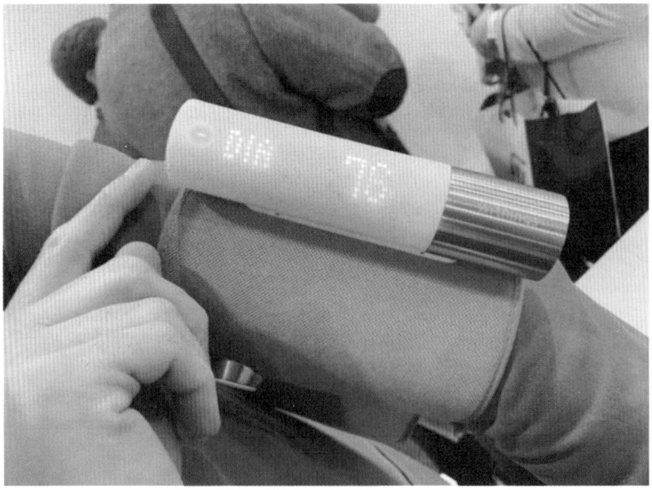

图 7-28　智能血压轴带

这个智能血压轴带的金属表面是一个数字听诊器，触摸其电极两端可以做心电图，轴带可以用来测量血压，听诊器可以监听用户心跳。更重要的是，所有的诊断结果可以通过手机移动端共享给你的医生，然后医生给出合理建议，即在家就达到了看医生的目的，如图 7-29 所示。

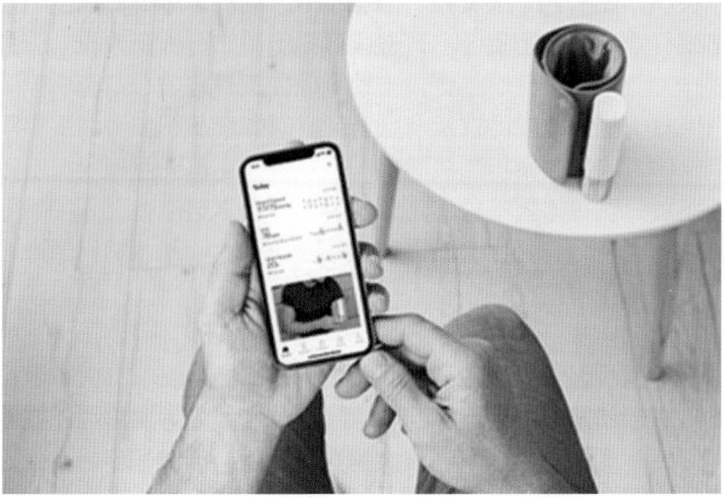

图 7-29 诊断结果共享

7.3 未来趋势：一文看懂智能穿戴

上一节为大家介绍了 9 款智能穿戴设备。可能不是所有产品都让每一个人感兴趣，但是它们都在各自的领域默默地发挥其作用。在未来，相信会出现更多的智能穿戴设备，它们将改善我们的生活。

从 2012 年开始，谷歌眼镜惊艳亮相，智能穿戴出现在人们的视野中，到现在已经过去 8 年，智能穿戴也发展得越来越多元化。目前，智能穿戴的销售份额已经占比很大，可以独立成为一个消费类电子行业，智能穿戴产品也越来越趋向于商业化。

7.3.1 重焕生机：引领行业增长

虽然智能穿戴产品众多，但是智能手表和手环类产品的占比份额有所下降，反而是耳戴设备后来居上，占比超过一半。

耳戴设备这么受大众欢迎的原因是什么呢？很简单，因为这是大家可以经常使用、能放松心情且功能越来越智能化的产品。除了前面提到的蓝牙耳机和心晴耳机，还有很多种类不同、功能各异的耳戴设备。例如，百度推出的小度真无线骨传导耳机，如图 7-30 所示。这款耳机是通过骨传导发声，再加上百度智能语音系统，构成了这个集听歌和智能生活为一体的穿戴式产品，能极大地影响用户的生活。

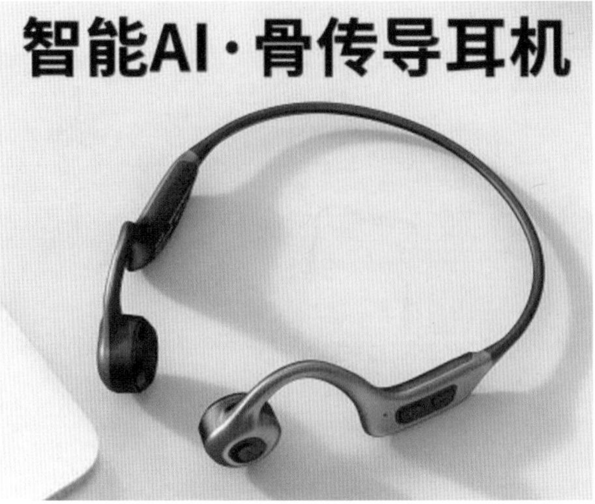

图 7-30　小度真无线骨传导耳机

像这种耳机 + 智能的产品还有很多，且随着消费升级，这些智能产品越来越深地进入到我们的生活，再次刺激经济增长。作者相信，在不久的将来，引领行业增长的将会是这些智能穿戴设备。

7.3.2　用户体验：加大研发力度

用户在购买智能产品时，最注重的是它的功能性。换句话说，用户消费什么产品，关键是看产品的质量，而智能穿戴设备质量好不好，关键是看它的用户体验度。近年来，各大科技巨头加大智能产品研发力度，通过改善产品特性，来提高用户体验度，从而获得更大的效益。

例如，深圳一家企业就曾表明，智能儿童手表的待机时间不长，平均两天就要充一次电，因此失去了很多消费用户。大家知道，智能穿戴设备一般是通过电流维持产品功能。在人工智能、云计算和 5G 等技术的推动下，人们对于穿戴产品的要求越来越高。

但是，也有一些企业在这方面做得比较好。例如，某款价格昂贵，但是功能超全的智能戒指，就将用户体验度提高到了极致，如图 7-31 所示。它不仅具备蓝牙通话、分离警报、支付、记录健康参数和语音助手功能，还能充当门禁卡，更是当用户遭遇紧急情况时的“救命稻草”。因此，企业在利用人工智能技术开发新产品时，就需要抓住用户的痛点需求来进行产品的功能研发，从而更好地提升用户体验，赢得用户和市场的青睐。

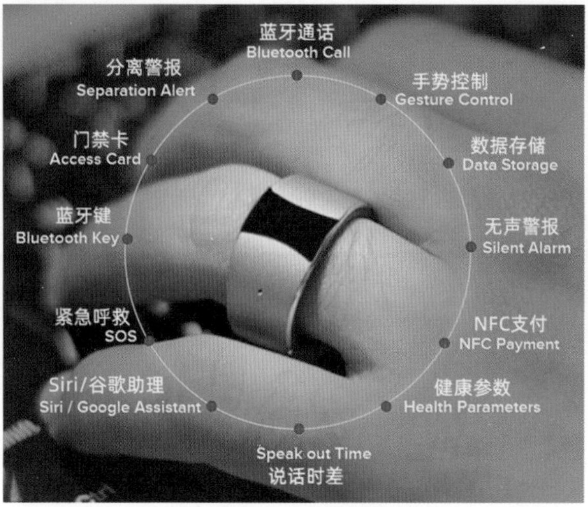

图 7-31　智能戒指

7.3.3 产业优势：企业迅猛发展

从企业角度来看，苹果智能穿戴的地位不可动摇。但是，以小米、三星和华为为例，它们在智能穿戴领域的发展势头迅猛，其中特别突出的要数华为。华为智能手表从一开始就放弃了谷歌的 OS 系统，选择了自主研发的 LiteOS 系统，不管是商业竞争力还是用户体验度，在市场上都是深受好评的。

例如，华为经过产品不断更新迭代后推出的 MagicWatch，如图 7-32 所示。在市场上，达到了 98% 的好评率，这在智能产品市场是极少出现的。

图 7-32　华为 MagicWatch

加载了华为自主研发的麒麟芯片 A1，这款智能手表完美地解决了电池续航问题，用户能够持续使用 14 天。

企业的自主研发能力决定了企业在人工智能领域究竟能走多远。目前，企业也开始呈现出聚集趋势，这也就意味着聚集地极其具备产业优势，能更快地赢得市场先机，如以深圳和东莞为代表向珠三角地区聚集。

专家提醒

珠三角地区可以说是电子制造的聚集地，有很多智能穿戴企业在附近落地，甚至形成了电子制造产业链，人才也开始向珠三角地区流动。

7.3.4 未来可期：穿戴生态合集

目前，市场上的智能穿戴产品大多是与移动手机端相连接。但是，万一个人身上的穿戴产品太多，就会造成算力和操作成本的浪费。用户面对不同品牌的穿戴产品，要下载不同的手机 APP，使用不同的交互方式，这样也会导致数据的重复记录。

所以，打造以个人为单位，各种穿戴产品能够交互使用的生态合集，是很有必要的。例如，华为发布的 HarmonyOS 2.0，就是面向全场景的生态系统，即不管是智能穿戴还是移动办公，都是基于这个系统的万物互联生态合集。智能穿戴是这个生态合集下的小趋势，它不需要全新的软件或系统，它只需要穿戴产品硬件之间能够相互交流或进行数据传输。

与其说第四次工业革命是科技革命，不如说它是消费场景和生活需求的革命，企业只有紧紧围绕需求这个主题，考虑用户的使用场景，才能在众多智能消费产品中杀出重围。

专家提醒

企业只有考虑更多的智能穿戴产品的使用细节，才能更快地融入用户的生活习惯中。这也就决定了未来企业势必围绕用户的生活习惯打造一套智能穿戴生态方案。作者相信，未来的智能穿戴将利用生态圈上的关键点来留住每一个用户。

第 8 章

智能出行：定义未来出行方式

从以前的马车到现在的自动驾驶汽车，人们的出行方式发生了翻天覆地的变化，这就是科技发展带来的便利。那么，搭载了人工智能技术的汽车究竟具有什么样的功能？它的自动化程度又是怎么划分的？本章将逐一进行介绍。

8.1 分级科普：自动驾驶的升级过程

以前，大部分汽车采用的是手动挡，这对长途驾驶来说，是极为疲劳的，因为驾驶员需要不停地踩刹车、离合和换挡。随着人工智能技术的发展，汽车也变得越来越自动化。

根据汽车的自动化程度，可以将汽车分为 5 个等级，即 L1、L2、L3、L4 和 L5，每个阶段都可以要求不同的功能。本节就为大家逐一进行介绍。

8.1.1 L1 级自动驾驶：辅助驾驶功能

L1 级自动驾驶即辅助驾驶，是最低层次的自动化，只能实现车辆极少部分的功能操作，例如转向或加减速等。

目前大部分汽车的中配车型均采用了 L1 级自动驾驶技术。并线辅助是比较常见的功能之一，即通过外后视镜上的警示灯，能看清侧后方的来车，避免在后方有车的情况下错误变道，如图 8–1 所示。

图 8–1　并线辅助

L1 级辅助驾驶一般也配备了 ADAS，即高级驾驶辅助系统，拥有车道偏离预警功能，如图 8–2 所示。当驾驶员驾驶车辆存在违规变道或压行驶线行为时，方向盘会产生震动，或发出蜂鸣声，以此来提醒驾驶员。另外，车辆还可设置定速巡航功能，即车辆可以自动按照设置好的时速行驶，不需要驾驶员操控。

图 8-2 车道偏离预警

8.1.2 L2 级自动驾驶：部分自动驾驶

L2 级即部分自动驾驶，又称为半自动驾驶，可以对车辆的大部分功能进行自主操作。一般来说，十万级以上的车型都能达到，主要面向中高配型或者高配型车辆。

例如，在 L2 领域研发得较好的汽车品牌——江淮。可能很多人对这个品牌并不熟悉，但是它与大众联合打造的思皓 A5 汽车已具备了 L2 级自动驾驶，应用非常广泛，功能十分全面，比如 ACC 自适应巡航、辅助车道保持和限速识别等，如图 8-3 所示。

图 8-3 ACC 自适应巡航

另外，它还具有智能语音功能和智能远程操控功能，如图 8-4 所示。它不仅能进行声音定位识别、控制导航、语音听歌和电话及网络咨询点播，还能连接手机 APP 远程控制车窗、远程寻车和进行智能道路救援呼叫，科技感极强。

图 8-4　智能语音和远程操控

号称可以达到 L2.5 级自动驾驶的特斯拉依然是这个行业的领先者。特斯拉自主研发的 Autopilot 辅助驾驶系统虽然不具备完全自动驾驶功能，但是在特定条件下的半自动驾驶技术已非常完善，AI 发展得十分先进。

例如，搭载 Autopilot 辅助驾驶系统的特斯拉 Model 3 具有自动泊车功能，如图 8-5 所示。它能够一键式完成自动平行泊车或垂直泊车。

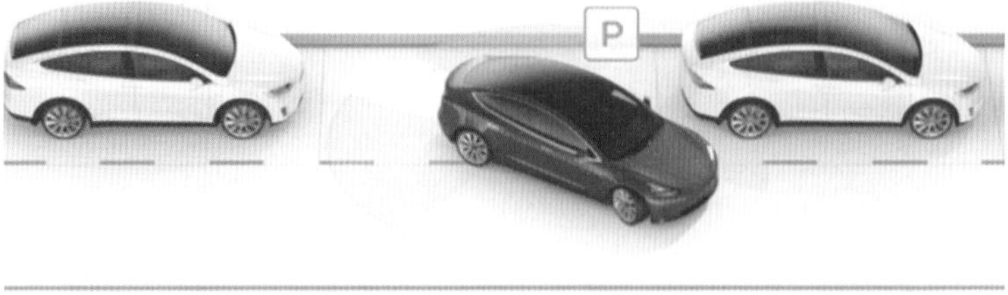

图 8-5　特斯拉 Model 3 具有自动泊车功能

除此之外，它还拥有自主辅助导航驾驶功能，能够自动驶入或驶出高速路口、匝道和立交桥，能够自动辅助变换道路。在驾驶前，还能一键召唤，自动驶出车库，如图 8-6 所示。

图 8-6 自动驶出车库

8.1.3 L3 级自动驾驶：条件自动驾驶

L3 级为条件自动驾驶，意味着车辆几乎可以独立完成所有驾驶操作，但是驾驶员还是不能大意，因为它还不能很好地处理紧急情况。目前，只有极少量车型能够达到 L3 级，例如奥迪 A8。奥迪 A8 具有经济、动态、舒适、自动和个性化五大驾驶模式，如图 8-7 所示。

图 8-7 奥迪 A8 的五大驾驶模式

基于中央驾驶辅助控制系统（zFAS），只要在汽车中控台上按下人工智能按钮（Audi AI），如图 8-8 所示，车辆在双向公路上行驶速度不超过 60km/h 时，该系统就可以接管车辆，完成加减速、转向、制动和停车等一系列操作，驾驶员就可以放松休息了。

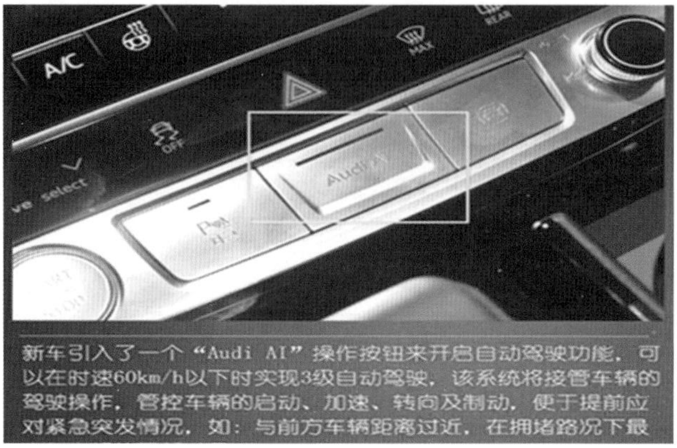

图 8-8　人工智能按钮

当车辆速度超过 60km/h 且道路不再拥挤时，zFAS 系统会向驾驶员发出通知，要求接管车辆。若驾驶员忽视提醒，奥迪 A8 将缓慢减速并停车。

另外，奥迪 A8 还配有智能车身平衡系统，如图 8-9 所示。当车辆遇到侧面撞击时，遇险一侧的车身会自动抬高几厘米，这一过程在瞬间完成，车侧底梁会承受大部分的冲击力，底梁的耐冲击性能更强。

图 8-9　智能车身平衡系统

奥迪在用户体验度方面也做得非常好，尤其是在一些细节之处考虑得非常周到。例如，奥迪 A8 的智能激光大灯，如图 8-10 所示。这台车不仅仅采用了矩阵式的 LED 车灯设计，还配有智能激光大灯，一旦车速超过 70km/h，激光大灯就会自动开启。

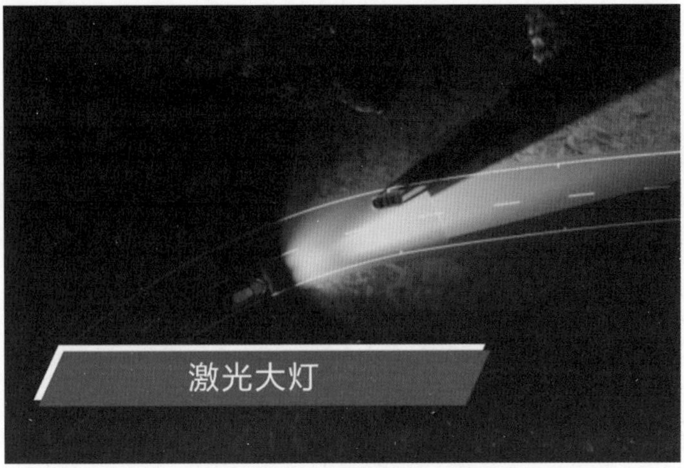

图 8-10 智能激光大灯

作为全新的高档豪华车型，奥迪 A8 的舒适程度不言而喻。而这也得归功于它的后排智能控制系统，如图 8-11 所示。它的后排座椅设有脚搭，可以自动调节高度，还具有智能加热功能，让用户在车上也能享受按摩。

图 8-11 后排智能控制系统

8.1.4 L4 级自动驾驶：高度自动驾驶

从 L3 级到 L4 级，可谓是质的飞跃。L4 级为高度自动驾驶，可以实现车辆的远程遥控。只要对车辆发出一个指令，它就能自行完成所有操作，驾驶员甚至可以在车上睡觉。

在汽车智能化如此发达的今天，汽车行业的领头羊——奔驰，又一次打出了自己的王牌。基于第 2 代 MBUX 智能人机交互系统，奔驰研发了第 11 代 S 级轿车，不仅能够支持人脸、声纹和指纹识别，还增加手势交互功能。但是，目前 S 级轿车搭载的 L4 级高度自动驾驶只能针对停车场景，如图 8-12 所示。

图 8-12　S 级轿车智能泊车

相较于 L2、L3 级的自动泊车，L4 级更加智能。用户只要把车开到停车场门口，按一下手机软件，它就能自主寻找车位停好。取车时，也只需一键控制，它就能自己过来寻找车主。

目前，L4 级自动驾驶技术难度较高，不仅需要停车场有基础设施，还需要法律的支持，短期内还难以大规模使用。

8.1.5　L5 级自动驾驶：完全自动驾驶

L5 级为完全自动驾驶，即车辆不受任何道路限制，驾驶员可以放开双手双脚，完全由车辆自主操控。由于当前的科技水平限制，以及要考虑的道德因素和法律法规众多，市场上还没有搭载 L5 级自动驾驶的车辆。

目前，市场上使用较多的还是 L2 级和 L3 级自动驾驶车辆，但是 L5 级自动驾驶已经有了初步的技术标准和方向。

8.2　龙头盘点：做自动驾驶的领跑者

2020 年，自动驾驶的热潮只增不减。在一系列智能算法、激光、雷达、智能芯片和中央处理系统的加持下，各大企业纷纷加大投入，争做自动驾驶行业的领跑者。这里就和大家盘点一下国内外的自动驾驶龙头公司。

8.2.1 图森未来：无人驾驶运输网络

图森未来是世界上唯一的无人驾驶运输网络企业。它开始创立于北京，后与美国合作。它的卡车搭载了 L4 级别自动驾驶技术，能够保持一年全天候不间断地进行高效运输，如图 8-13 所示。

图 8-13 无人驾驶运输卡车

无人驾驶运输卡车是以图森未来货运网络（AFN）为基础，再加上自主研发的高清地图，让卡车的感知距离长达 1000m，并具备夜间感知功能，使其能够自动识别路线，即使在夜晚也能高效行驶，如图 8-14 所示。

不仅如此，它还能够实时检测道路情况并更新，以确保运输的安全和高效，如图 8-15 所示。它的监控系统能将数据传送给管理者，以确保每辆卡车都能保持联系，并将货物准时送达。

图 8-14　自动识别路线

图 8-15　检测道路情况并更新

总体来说，图森未来就是通过无人驾驶卡车、智能地图、精准定位和它独特的运营系统 TuSimple Connect，打造的一个面向全球的无人驾驶运输生态服务系统。

图森未来目前拥有 50 多台无人驾驶卡车，它充分利用了人工智能技术，将卡车的价值提升到最大化，并利用大量的数据模型进行检测，反复验证，努力提升货物运输的安全性。

8.2.2　西井科技：智慧港口无人跨运

西井科技以人工智能算法和芯片为起点，打造了一套工业以及物流方面的全智能生态解决方案，具体包括智慧港口系统、智慧园区、智慧物流系统、智慧矿场系统以及工业 4.0 等。

西井科技在视觉识别和无人驾驶方面实现了巨大突破，秉承着高经济性、高系统性、高适应性、高智能性和高安全性的原则（如图 8-16 所示），它已经拥有了整套的自动驾驶解决方案。

图 8-16 自动驾驶五大原则

智慧港口系统是基于 AI 智能理货系统，打造的无人化驾驶作业。当车辆进入港口时，该系统会自动识别，精准地分配货物应处位置，如图 8-17 所示。当车辆快要到达指定位置时，显示屏上会显示车辆离标准位置的距离，实现了精准停车。

图 8-17 智慧港口无人化驾驶

另外，港口还具有轮胎吊防撞安全设置。车辆可以自主检查上方空间是否有轨道在进行作业，如图 8-18 所示。车辆还可以根据具体情况加减速，遇到紧急情况时，发出报警。

图 8-18　轮胎吊防撞安全设置

西井科技还与振华重工合作研发出了全球首辆无人驾驶跨运车，如图 8-19 所示。它是基于深度学习的智能环境，利用车载的传感器，代替人脑进行数据传输的智能货运车，能够帮助人们运输需要较高放置的货物。

图 8-19　全球首辆无人驾驶跨运车

8.2.3　百度 ACE：车路智行自主可控

百度 ACE 交通引擎是基于人工智能和自动驾驶等技术，可以应用在多种交通方面的生态融合体，它具体包含了一个数字底座，两个智能引擎和多个生态应用，如图 8-20 所示。

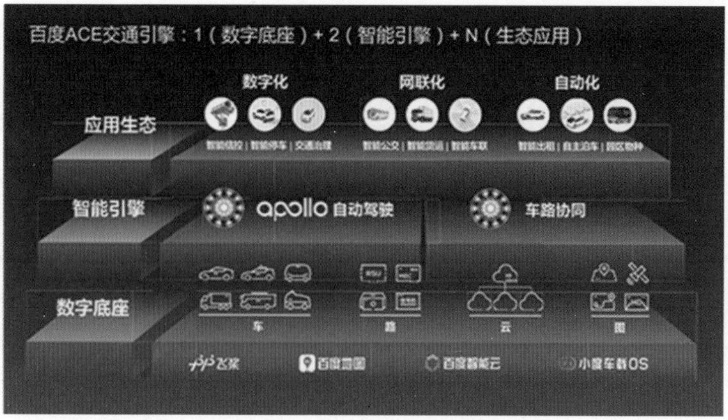

图 8-20　百度 ACE 交通引擎

百度 Apollo 作为国内最大的自动驾驶开放平台，截至 2019 年底，已经拥有了 177 家企业合作伙伴。它打造的车路协同智能交通系统，能够全面感知人、车和路全域数据，从而保障交通安全，如图 8-21 所示。

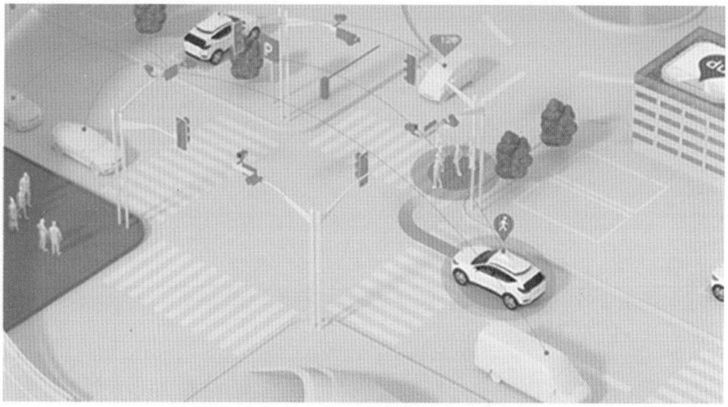

图 8-21　车路协同智能交通系统

另外，北京和长沙等地区已经使用了百度智能信控系统，也就是利用核心 AI 视觉技术以及交通大数据，并融合 5G 技术，智能优化道路通行方案，提高区域道路通行流畅度。

除此之外，百度还推出了智能出租方案，如图 8-22 所示。用户只需要前往最近的“Robotaxi 停靠点”，然后进入自动驾驶频道输入目的地，车辆上的传感器就会根据用户定位自动导航到用户所在处。

截至 2019 年底，长沙已实现了一万多次 Robotaxi 智能载客，吸引了 20 多家智能网联企业向长沙聚集，智能出租的针对人群十分广泛。

图 8-22　智能出租

8.2.4　小马智行：全域检测各类场景

小马智行是一家专注于 L4 级自动驾驶的高端企业。它是基于机器学习和深度学习的双层融合，可以实施检测和判断周围的道路情况，如图 8-23 所示。

图 8-23　智能路段检测

基于最新一代的操作系统 PonyAlpha X，小马智行车辆能够智能扫描周围 200m 的视野，如图 8-24 所示。它还能提前预测前方事故，擅长各类场景处理。

PonyAlpha X 系统的传感器设置在车顶，如图 8-25 所示。一体化的设计让车辆看起来更加紧凑，同时采用人工智能视觉技术消除激光雷达的盲区，让扫描更加全面。

图 8-24　事故突发检测

图 8-25　车顶智能传感器

8.2.5　文远知行：远程操控逐步落地

文远知行公司总部设立在广州，是一家致力于以无人驾驶技术打造自己的车队，争取实现大规模出租车商业化的企业，但这对人工智能算法的要求非常高。不负众望的是，截至 2020 年 4 月，文远知行的自动驾驶车辆已超过 100 辆，如图 8-26 所示。总计有六大车型，例如日产 LEAF2、林肯 MKZ 和小鹏 P7 等，散落在广州各个地区实现无人驾驶出租车运营。

文远知行拥有 L4 级自动驾驶技术，还通过了两百多万公里的无人驾驶道路测试，4 年内实现了广州大部分地区的无人驾驶运营，还获得了国内首个远程测试许可，如图 8-27 所示。在测试中，车辆采用了先进的 5G 网络技术，运营者可远程操控车辆，车内所有设备都可智能化。

图 8-26　文远知行无人驾驶车队

图 8-27　正在进行远程测试的车辆内部情况

图 8-28 所示为文远知行与清华大学乘客调研报告。调查发现，有 28% 的居民一周至少使用一次无人驾驶出租车，甚至有 56% 的上班族用来当作日常通勤的工具。

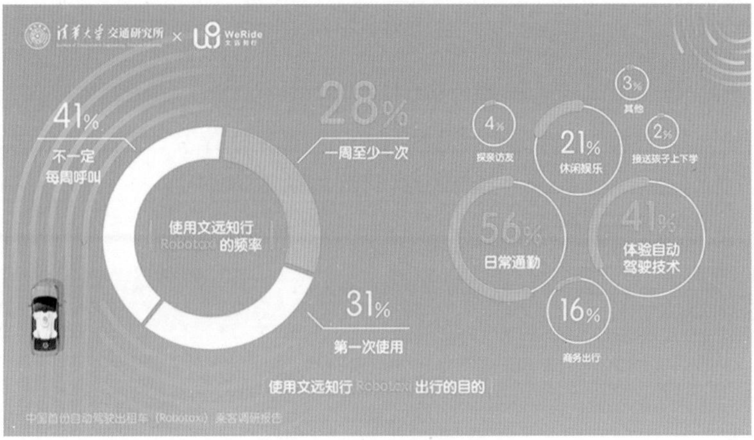

图 8-28　乘客调研报告

8.3　产业成熟：自动驾驶车型或品牌

随着汽车软件和硬件更深层次的结合，人们的出行越来越方便，自动驾驶技术也越来越完善。但是对于真正实现大规模发展，可能还需要一段时间。那么，现在市场上，搭载了自动驾驶技术的品牌或车型究竟有哪些？本节为大家逐一进行介绍。

8.3.1　吉利缤越 ePro：AI 智能领航

吉利缤越 ePro 搭载了 L2 级自动驾驶技术，具有 ICC 智能领航系统，如图 8-29 所示，能够实现智能跟走、跟停以及转向等功能。

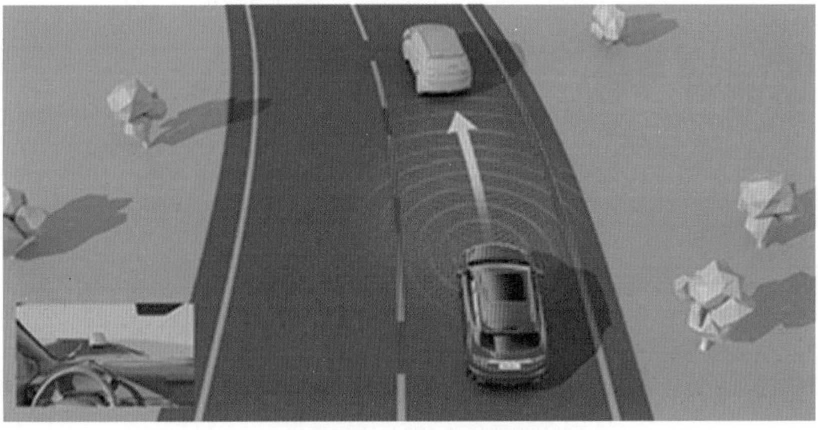

图 8-29　ICC 智能领航

但是，吉利缤越 ePro 的 ICC 智能领航系统有一个缺陷，就是只能实现速度不超过 150km/h 的智能领航。

为了保障行车安全，吉利缤越 ePro 配备了 120 万像素的摄像头，能实时传输道路数据，如图 8-30 所示。它融合人工智能深度算法，搭载了城市预碰撞安全系统和行人识别保护系统，当检测到前方有紧急车辆或者突然出现的行人时，车辆会及时示警，主动刹车。

图 8-30　紧急情况示警或刹车

另外，吉利缤越 ePro 还具备 SLIF 交通限速标识智能识别系统，如图 8-31 所示。它能智能地检测道路最高限速，并保持在一定范围内，避免车主因超速带来的不必要麻烦。

图 8-31　SLIF 交通限速标识智能识别

8.3.2 宝马 4 系：数字服务一体化

由于技术路径的不同，各大品牌车辆在外观功能上也有所不同。宝马作为汽车行业的佼佼者，其推出的全新宝马 4 系敞篷轿车，不仅搭配了现代化自动驾驶辅助系统 Pro 和数字功能服务，在外观上也十分醒目张扬，又一次率领了时尚潮流，如图 8-32 所示。

图 8-32 宝马 4 系敞篷轿车

它的自动驾驶辅助系统 Pro 包含了 10 多项辅助功能，例如主动巡航、疏通道路、变道辅助和紧急停车等，让其面对复杂的道路场景也能从容不迫。

另外，它还具有 BMW 数字钥匙功能，如图 8-33 所示。用户随身携带的智能手机瞬间化身为车钥匙，车辆能够智能响应、自主解锁，还能授权给 5 位家人或者朋友共同使用。

图 8-33 BMW 数字钥匙

当然，车辆智能助理也是必不可少的。宝马 4 系敞篷轿车装有第七代 iDrive 人机交互，如图 8-34 所示。该系统能够实现多维人车自由切换，同时也简化了轿车的操作界面，能让用户享受更加智慧的开车体验。

图 8-34　简化界面智慧出行

8.3.3　新宝骏：AI 车家互联平民化

自动驾驶汽车除了像宝马这种高端品牌，还有一些平民小众汽车品牌也具备很多智能化功能，新宝骏就是一个很好的例子。它在安全及控制方面性能比较优异，例如其 SDW 安全距离报警功能，如图 8-35 所示。当与前车距离过近时，它能发出报警，避免交通事故。

图 8-35　SDW 安全距离报警

新宝骏的目的是打造一套人、车和网络互联的智慧网联系统，如图8-36所示。在5G芯片的加持下，它能共享不同家用设备间的数据流，实现“手机+车机+智能家居”的车家互联。

图8-36　智慧网联系统

另外，它的智能语音算法能达到普通车机的20倍，能够快速响应，且无须唤醒，直接说出命令即可，如图8-37所示。

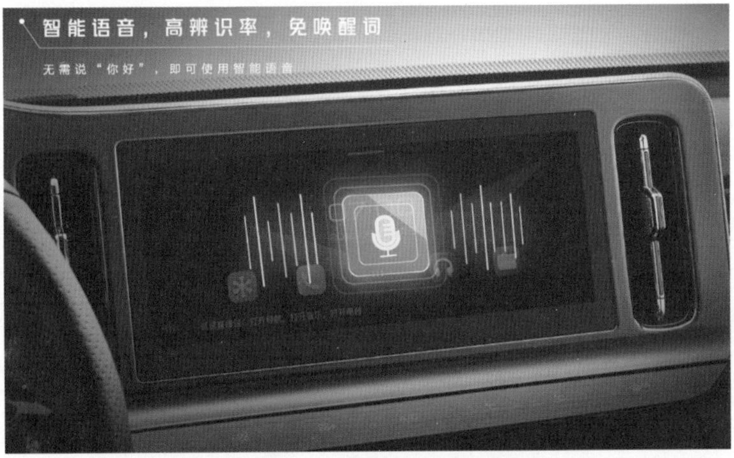

图8-37　无须唤醒的智能语音

新宝骏车辆还能与多个APP云端互联，让汽车也能成为用户的私人放松空间。新宝骏是一款更适合家用的新能源汽车，可以远程控制家居，更多的是承载多口家庭的日常出行。

8.3.4 WEY VV7：智能国产豪华车

WEY VV7 是长城旗下的车型之一，有着国产豪华 SUV 之称。它凭借着全新升级的 Pi4 平台，搭载了 L2 级自动驾驶系统，实现了一系列智能应用。例如，位于 A 柱内侧的 AI 智能面部识别，如图 8-38 所示。它能够检测并识别驾驶员面部信息，预防车辆盗窃或者丢失。

图 8-38 AI 智能面部识别

另外，它还具有语音识别和远程控制的功能，如图 8-39 所示。利用人工智能技术，车辆可以实现语音呼唤快速响应，大大解放了驾驶员的双手。

图 8-39 语音识别和远程控制

WEY VV7 型汽车的功能很多，例如它还具有智慧躲闪能力，如图 8-40 所示，可以自动识别相邻车道的大型车辆，当车速高于大型车时，系统会自动控制车辆向远离大型车的方向偏移，提高驾驶员的安全性。

图 8-40　智慧躲闪系统

8.3.5　大众探岳：多方面性能优越

大众探岳同样具备 L2 级自动驾驶辅助驾驶功能，但是它的智能化功能与其他车型又有不同之处。例如，它在方向盘前安装了一个 HUD 平视显示系统，如图 8-41 所示。该系统可以智能显示车速和各类行车重要信息，让用户专注前方。

图 8-41　HUD 平视显示系统

大众探岳还为用户提供了 Active Control 驾驶模式选择，如图 8-42 所示。用户可以根据道路情况，智能选取驾驶模式。

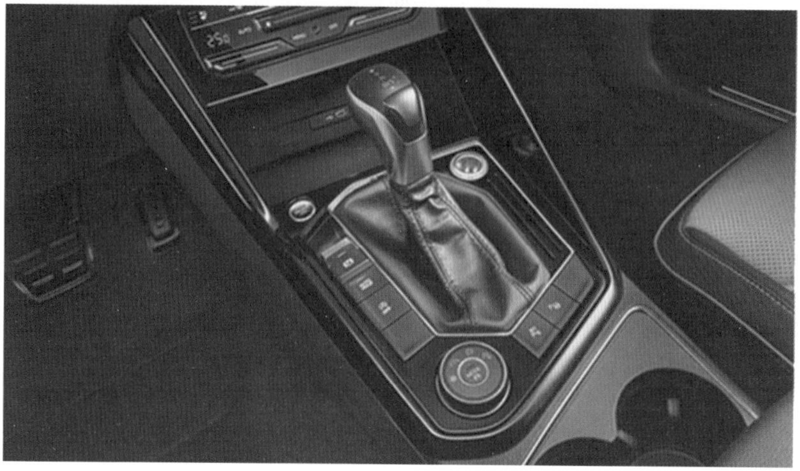

图 8-42　Active Control 驾驶模式选择

另外，它还具备 Pre-Crash 预碰撞保护系统，如图 8-43 所示。利用激光、雷达和人工智能的各种感应器以及算法，系统能够自主推测车辆可能遇到的紧急情况，提前关闭车窗，做好紧急防护，并提醒驾驶员，教导驾驶员进行智能操作，降低行车风险，保护车内人员的安全。

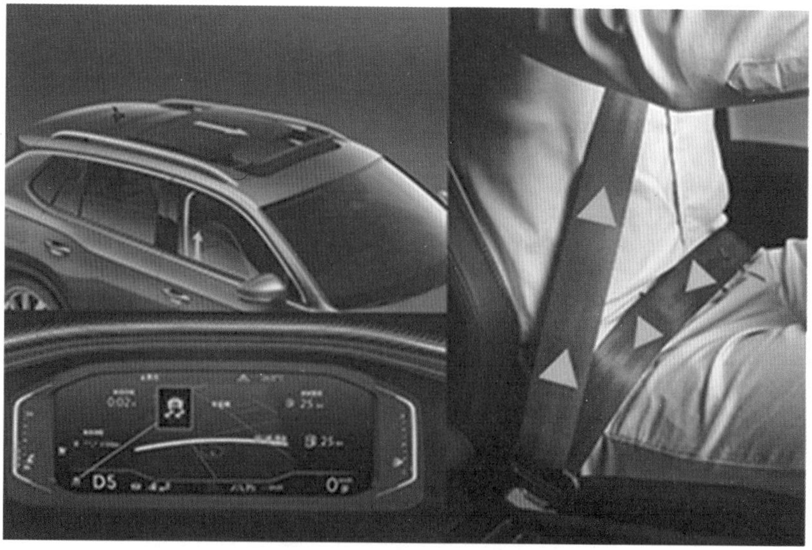

图 8-43　Pre-Crash 预碰撞保护系统

除此之外，在车辆正常行驶的状态下，车辆还具有疲劳驾驶系统，如图 8-44 所示。通过对车辆的油门和行车轨迹等状态的检测，系统可以自主判断驾驶员是否处于疲劳状态，并发出警告。

图 8-44　疲劳驾驶系统

它的后保险杠具有雷达检测识别系统，能监控车辆后面的情况，如图 8-45 所示。例如，倒车出库时，如果遇到其他车辆或者障碍物，则会发出声光警报提醒驾驶员，并自动制动。

图 8-45　后方交通预警系统

第 9 章

智能零售：打破壁垒引领未来

随着人工成本和零售店的不断增多，一家零售店要想从市场中脱颖而出也变得越来越难了，正是因为如此，许多零售业从业者都在探索新的零售模式，而智能零售也成了不少人的一个选择。

9.1 入门须知：了解无人超市运作

智能零售是指通过人工智能技术，店铺内所有运营或部分运营，不存在人为干预的情况。其实很多年之前，智能零售这个概念已经出现。

例如，街上或小区随处可见的自动贩卖机，虽然过去的支付方式还不完善，人们只能通过现金或投币的方式完成付款，而且由于受体积的影响，自动贩卖机里的商品也仅限于饮料或者小零食。但是，智能零售已经开始慢慢地进入人们的生活。

而如今的智能零售，已基本实现了无人化管理运作。本节以无人超市为例，与各位读者分享一下智能零售带来的便利。

9.1.1 基本流程：走进无人超市

自从“新零售”的概念被提出后，阿里巴巴就一直致力于打造线上线下一体的销售方式，尝试改变传统零售业。随后，有不少无人超市或者便利店相继落地。进入无人超市前，首先会有一个用户的身份认证识别。例如，站在屏幕前进行人脸识别认证，或是下载店铺专业 APP 实名认证，如图 9-1 所示。

图 9-1　进门前的身份认证识别

身份认证成功后，用户就可以进入超市自助购物了。有些货架上的商品会标有“无人超市”字样。有的用户可能会想偷偷带走超市的商品，可是这样做是非常不明智的。因为遍布超市的摄像头，会跟踪每一个用户的行动轨迹，可以说人们在超市的所作所为都是透明的。

无人超市的支付方式也呈现出多样化。例如，京东无人超市在出口处会设置一个结算区。用户需要拿着商品站在结算区，结算完毕后，出口门会自动打开。

一般来说，进入无人超市前用户还需签署一个免密支付条款，即最后的支付不需要得到用户确认，实现真正的即拿即走。

对于用户来说，这一整套的购物流程是非常方便的。但是，从用户进入超市前的人脸识别，到最后的自主付款，这一路都是黑科技的体现，每一个黑科技的背后都需要相关人工智能技术的支持。各位读者是不是很好奇，这些无人超市究竟使用了什么黑科技？下面为大家逐一进行详细介绍。

9.1.2 三大系统：背后的黑科技

为什么至今为止，无人超市并不是普遍存在的？这是因为对于开发者来说，无人超市前期的运营成本较高。芯片感应、自动识别、海量的数据、不断变化的算法模型以及各种电子材料，都需要消耗大量的人力和物力。

无人超市其本质上考验的是企业的技术研发能力，从签订物资合同开始，到货物验收，各个环节都需要人工智能技术的支撑。总体来说，无人超市运营包括三大系统，即无人值守系统、可视化管理系统和 O2O 系统。

1. 无人值守系统

无人值守系统可以应用于超市商品的管理，相当于一个智能仓库。图 9-2 所示为无人值守系统所运用到的六大人工智能技术。

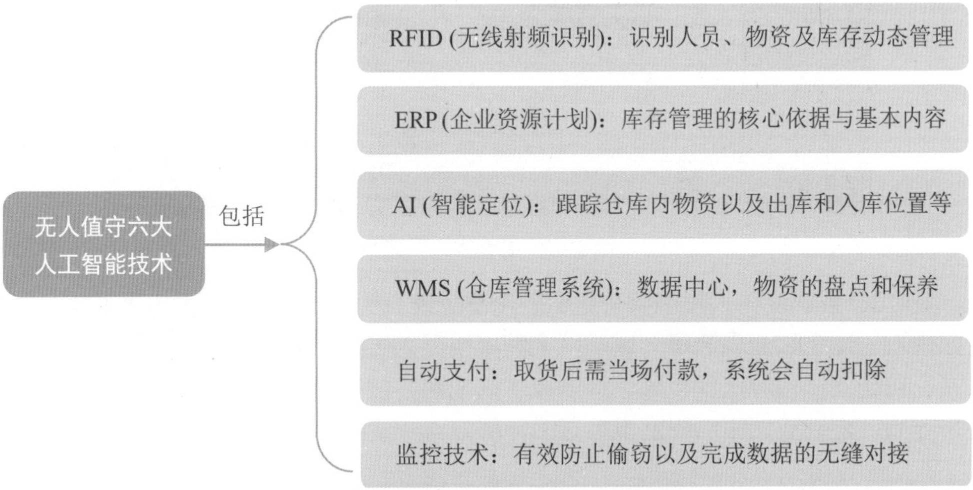

图 9-2 无人值守系统的六大人工智能技术

总体来说，无人值守系统就是以网络连接为媒介，智能移动为终端，采用人工智能技术，对超市仓库进行数字化的全栈式管理。这种模式极大地降低了仓库管理人员的工作强度，提高了管理效率，降低了企业管理成本，保障了物资存储的质量，实现了仓库管理的无人化。

2. 可视化管理系统

无人超市的可视化管理系统是指利用安装在超市内的智能摄像头、红外传感器和电子芯片，检测货架中商品的状态或用户的行为。例如，用户拿取或放下商品的动作，或利用红外传感器和压力传感器确定商品的重量。

3. O2O 系统

O2O（Online To Offline）系统即线上（Online）和线下（Offline）的深层融合，从广义上来说，就是把电商融入我们的生活场景中，于是就有了 O2O 无人超市，如图 9-3 所示。

图 9-3　O2O 无人超市

O2O 系统使无人超市拥有更宽的消费场景，因为它还具备强大的网上商城，如京东、淘宝和亚马逊等。这些网上商城也是人工智能技术的体现，例如移动终端、自动支付和算法模型等，这些技术的成熟，使得用户的使用频率和到店率越来越高，直到成为生活中密不可分的一部分。

9.1.3　四大优势：方便人们生活

对于用户或管理者来说，无人超市主要有以下四大优势，如图 9-4 所示。

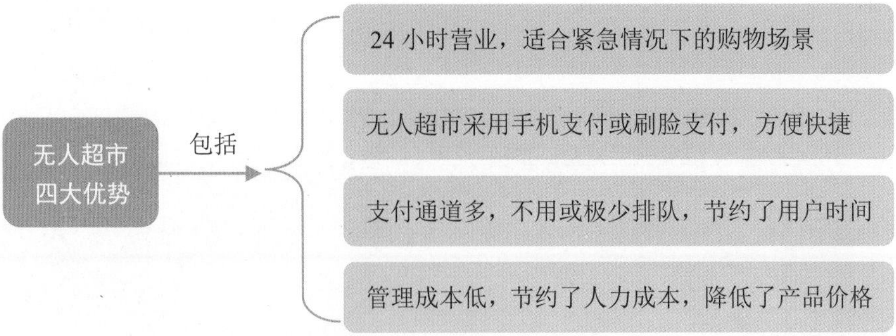

图 9-4 无人超市的四大优势

9.2 实践试点：细数智能零售案例

在人工智能的大环境背景下，智能零售作为一种新的消费方式，出现在人们的视野中。尽管有部分零售店倒闭或者关门，但这都是人工智能技术探索路上的奠基石。

9.2.1 缤果盒子：最快的销售渠道

作为全球第一款可大规模实现落地的无人超市，缤果盒子一直致力于给用户更好的购物体验。店内无人值守，实现了真正的无人化，如图 9-5 所示。

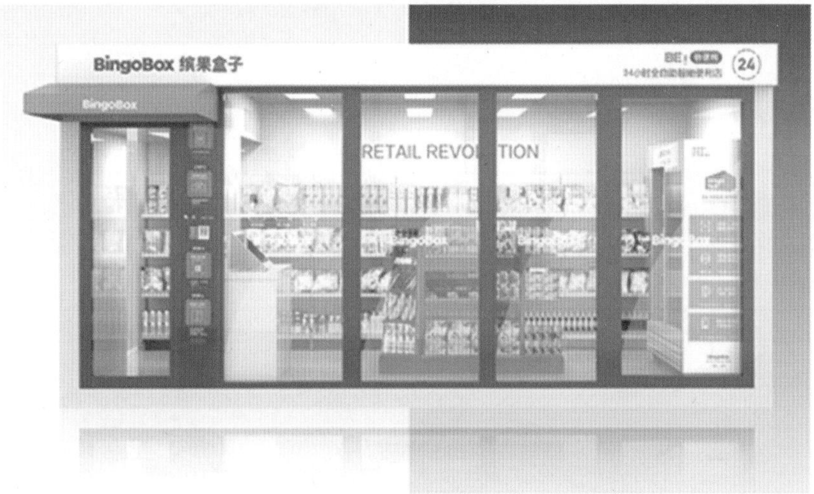

图 9-5 缤果盒子

每一个细节的背后都是科技的体现。缤果盒子采用的是扫码开门的形式，如图 9-6 所示。将手机移动终端与大门相连接，用户只要一键扫码就能入店铺。

缤果盒子的便捷之处在于，它的选址一般是中高端小区，用户只要坐电梯，下楼就能购买，这是传统社区无法做到的场景。

图 9-6　扫码开门

传统店铺大部分的时间都在等待，只有极少的部分实现了真正运营。而缤果盒子采用的是前端数据化，后端采用无人化的运营方式，把零碎的等待和服务时间，通过人工智能技术集中到后端，促使店铺向数字化转型，提高了购买效率。

缤果盒子的数字化还体现在它能通过图像识别技术和传感器，智能识别商品，在没有人工干预的情况下自动生成二维码，如图 9-7 所示。

图 9-7　选购商品检测收银

当用户完成付款之后，大门里的智能感应芯片会迅速响应，自动开门，如

图 9-8 所示。用户选择商品的可能性大小，取决于商品的价值程度，缤果盒子打造的是家中应急商品的最佳零售渠道，盒子就在楼下，走两步就能拿，过程方便，且时间消耗最少，能实现 1 秒进门和 1 秒出门。

图 9-8　自动开门

由于减少了人力成本，缤果盒子商品的价格会比传统商店便宜 5% 左右，这也是缤果盒子可能会成为用户首选的原因之一。

专家提醒

作为新兴的产业，缤果盒子通过技术的变革和创新，在距离用户最近的地方，采用极低的成本，打造了一个24小时营业的商业店铺，为智能零售未来的发展指明了方向。

9.2.2　晴川无人店：AI 的必然结果

人工智能技术的发展是智能零售发展的重要推动力。由于线上产品价格与线下的差异不断缩小，再加上在租金、人力以及物流成本只增不减的情况下，店铺的技术转型指日可待。

各级政府也发布相应的政策支持实体店铺智能转型，尤其看重人工智能技术在推动新零售发展上的作用，各大企业也纷纷响应。

晴川无人店就是充分利用了人工智能技术实现了无人店的多业态经营，其商品范围包含休闲零食、洗护用品和艺术品等中高端商品，通过后台大数据，真正实现售卖的都是热销产品，如图 9-9 所示。

图 9-9　通过后台大数据智能选择热销产品

晴川无人店在借鉴国内外无人值守技术的同时，又自主研发智能技术与物联网设备，采用并整合了 12 项先进的人工智能技术，例如智能光感、遥控和热敏系统、智能语音系统、智能货架、智能门禁系统、智慧收银无感支付系统和智能监控等，如图 9-10 所示。晴川无人店通过对这些技术的应用，实现了无人管理和自主购买一体化的用户体验。

晴川无人店AI能力构架
人脸识别系统
智能光感、遥感、热感系统
RFID物联网设备
智能语音系统
智能门禁系统（感应式地毯）
智慧收银无感支付系统
智能货架
企业级交换机、企业级WIFI
智能监控（全覆盖高清摄像头）
整店音响系统
防灾系统（UPS不间断电源、求助器、紧急按钮等）
无人店后台管理系统

图 9-10　利用了 12 项先进的人工智能技术

晴川无人店占地面积小，且投资少，见效快，因此为了促使产业升级，除了日常用品的销售，它还研发了智能无人值守书店图书馆系统，吸引了众多企业前来融资，并落地实施，如图 9-11 所示。

图 9-11　晴川无人书店

晴川无人书店集合了众多人工智能技术，用户通过人脸识别进入后，可以在店内阅读，可以将书籍借出，店内设有自助结算台，可以完成购买和借阅等手续。店铺内还设有门禁报警系统，如图 9-12 所示。如果用户未经付款将书籍或其他产品带出无人店，将会进行语音播报，并不支持开门。

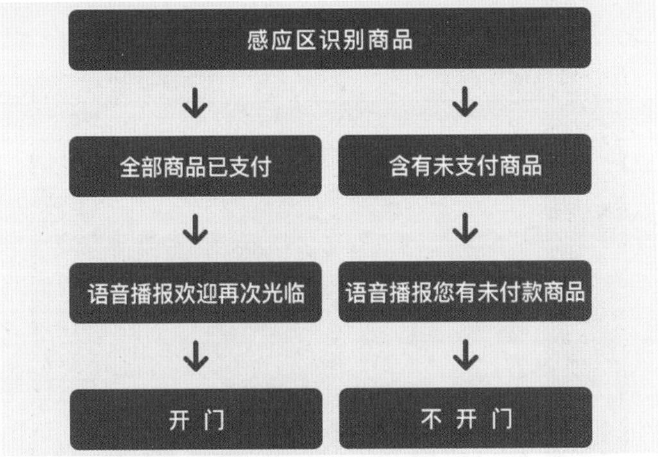

图 9-12　门禁报警系统

晴川无人店的智能系统是由许多人工智能行业的专家和各界资深人士携手打造的，提高了无人店的安全性能，在一定程度上延长了店铺的存活率。晴川无人店通过科技赋能，研发了更简便的购物体验，是 AI 发展到现在的必然结果。

9.2.3 中吉无人商店：自动售货机

中吉无人商店是由一个个智能自动售货机组成的，如图 9-13 所示。它的产品范围包括饮料、食品、果蔬、日化、玩具和数码，打破了传统贩卖机只能售卖零食或饮料的限制。

图 9-13　中吉无人商店

在人工智能技术的加持下，这些智能自动售货机变得越来越先进。例如，中吉生鲜智能自动售货机，如图 9-14 所示。它具有智能温控系统，能够对食材进行保鲜，并可以一次购买多件蔬菜、海鲜或者肉类食品。

图 9-14　中吉生鲜智能自动售货机

中吉无人商店极大地方便了用户的生活，让用户不用去菜市场也能买到新鲜的蔬菜。另外，这些自动售货机里面还具有智能机械手臂，如图 9-15 所示。它能实现鸡蛋和玻璃瓶等易碎物品的运输，减少了物资损耗，提高了用户购买率。

图 9-15　智能机械手臂正在取货

由于透明的玻璃，自动售货机里的商品清晰可见，智能机械手臂的取货过程一目了然，吸引了一大批用户前来观看。自动售货机还可以支持云系统平台。它能自动连接 PC 端和微信，可以远程监控机器的状况，了解其销售状况，如图 9-16 所示。

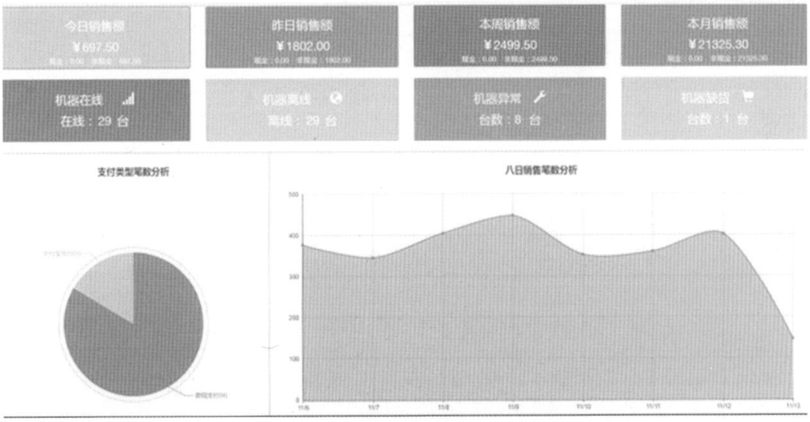

图 9-16　远程监控销售状况

现今，云平台服务可支持 7 万多台自动售货机使用，实现了远程监控、数据分析、用户行为分析和商品分析一体化，给管理者带来了更大的利润。目前，这些自动售货机也可分散在高铁、火车站、机场和小区等各种场景，并有着良好的口碑，深受用户喜爱。

9.2.4 淘宝会员店：品质多元服务

很多传统企业和互联网巨头也在积极布局智能零售这种新型商业形态。例如，“TAOCAFE（淘宝会员店）”就是由阿里巴巴推出的线下无人超市，占地达200平方米，可容纳50人以上，集商品购物和餐饮于一身，如图9-17所示。

图9-17 TAOCAFE（淘宝会员店）

“TAOCAFE（淘宝会员店）”中不仅摆放了玩偶、笔记本等各类商品，而且还可以进行自助订餐，同时还会根据用户的消费习惯和消费行为，来调整货品的数量与陈列方式。图9-18所示，为“TAOCAFE（淘宝会员店）”的自助购物流程。

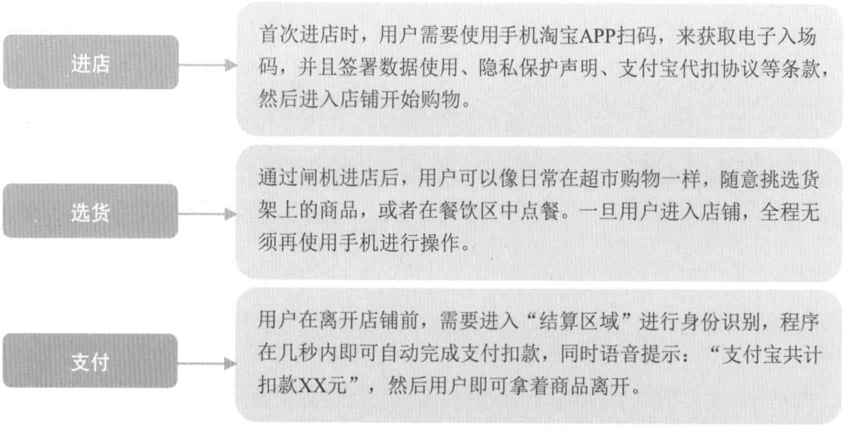

图9-18 “TAOCAFE（淘宝会员店）”的自助购物流程

当然，“TAOCAFE（淘宝会员店）”只是智能零售的一个雏形。智能零售的背后，映射的是人口红利的逐步消退，以及劳动力结构的改变，使得各种无人自助服务、无人零售、无人机、无人驾驶、无人仓储、无人物流、无人工厂以及无人农场等新兴产业不断崛起。

随着智能零售带来的创新消费模式，不仅节省了大量的用户时间和劳动力资源，同时也能够为用户带来更多快速便捷、品质多元的消费体验。

9.2.5 Amazon Go：智慧便民服务

亚马逊推出的无人便利店 Amazon Go，使用了大量的计算机视觉、深度学习以及传感器融合等技术，完全颠覆了传统零售的收银结账模式，其显著特点是离店支付无须任何操作，“即拿即走”，如图 9-19 所示。

图 9-19 亚马逊的无人便利店 Amazon Go

用户只需在手机上安装一个 Amazon Go 的 APP，扫码进入门店后即可选购商品，Amazon Go 的传感器会自动计算用户有效的购物行为，当用户离开门槛后，系统会根据他们的消费情况在亚马逊账户上自动完成结账收费。

在百花齐放的智能零售时代，似乎所有的商业形式都可以跟智能零售挂钩。对于相关行业的从业者来说，我们需要以消费者为中心，凭借各种先进技术和经营理念，用数字化手段整合和优化智能零售供应链，并结合系统性的数据分析方法，来实现价值链的优化和协同。

总而言之，智能零售的诞生是时代的趋势，主要包括技术、消费者和行业 3 个方面的原因。

（1）技术原因：随着互联网技术的发展，逐渐产生了很多经济和社会价值，推动了经济全球化 3.0 时代的发展。同时，大数据、云计算、移动支付、智慧物流以及互联网金融等技术，实现了“云、网、端”的深度结合，带来了智能化和自助化的无人系统。例如，无人自助收银就是通过自助扫码结算来降低人力成本，用户通过扫产品条形码即可实现自助购物和自助支付，如图 9-20 所示。

图 9-20　无人自助收银系统

（2）消费升级：随着消费者的数字化程度越来越高，他们的生活方式、人群主体、消费观念和消费习惯发生了翻天覆地的变化，具有强烈的品质消费趋势和体验化消费趋势，同时产生了新一代的价值主张，如图 9-21 所示。

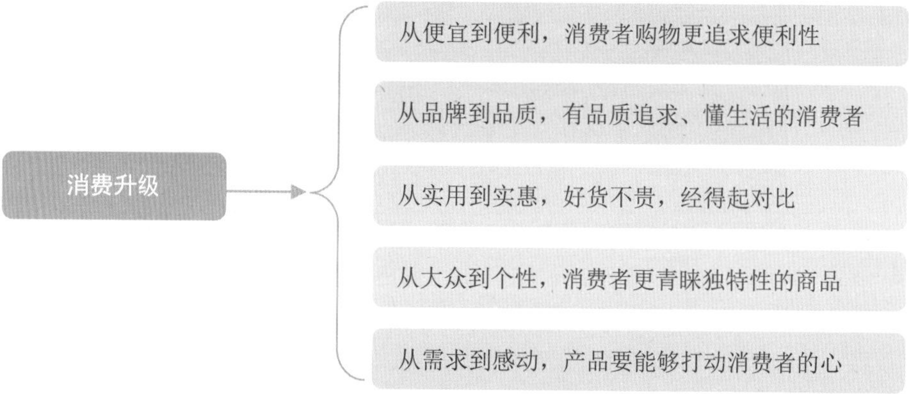

图 9-21　消费升级的变化

（3）行业竞争：随着全球实体行业的发展放缓，行业亟须寻找新的增长动力，而且国内的传统行业竞争非常激烈，商业形态涌现出多元化的发展趋势，大企业都在深化新的商业战略，抢占制高点，确保在竞争中取得胜利。

在智能零售时代，消费者和智能终端的关系更加紧密，而数字化的人工智能技术则成为重构智能零售的核心技术，可以给消费者带来更好的消费体验，让他们可以随时、随地、随心进行消费，以及享受各种服务。

9.2.6　盒马鲜生：线下到线上引流

盒马鲜生作为阿里巴巴全新的智能零售业态，它的门店遍布北京、上海、广州和深圳等各个地区。从线下到线上引流，是盒马鲜生设计的关键。这说明，其主要消费人群还是线上用户，其最终目的还是发展电商。

采用阿里最新的新零售自助结算终端收银机，盒马鲜生可以减少 20% 的人力成本，减少用户 40% 的排队时间。但是，为了推进线上支付，盒马鲜生需用专门的盒马 APP 付款，且仅支持支付宝，不接受现金或其他支付方式。

图 9-22 所示，为盒马鲜生自助结算终端收银机。用户只需要将商品置于扫码区，机器便能自动识别商品种类和其价格，实现自助付款。

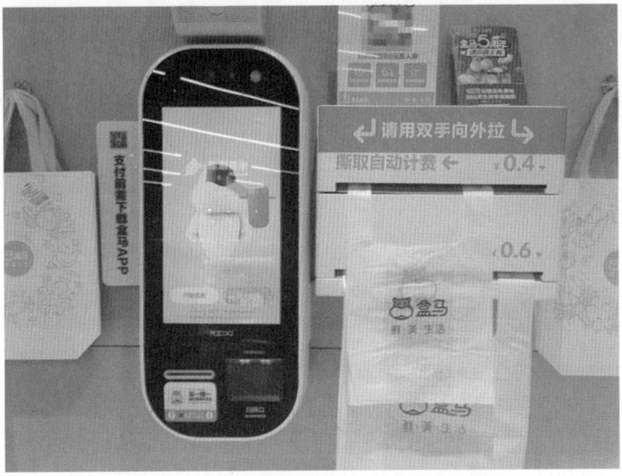

图 9-22 盒马鲜生自助结算终端收银机

9.3 无人配送：智能零售的新方式

人工智能技术的发展给智能零售提供了更大的可能性。一般来说，现在的超市、餐饮和快递都配备了自己独立的 APP，用户可以在软件上远程下单，然后由商家配送到家，从而实现从供应链、仓储到配送的全销售流程。

9.3.1 美团：无人微仓 + 无人配送

2020 年 10 月，美团宣布首家 AI 智慧门店 MAI S H O P 正式开业，它将 AI 技术与机器人结合，实现了“无人微仓 + 无人配送”的运营模式。例如，用户在任意一个首钢园区内的美团站牌下单，MAI SHOP 系统就会迅速响应，通过 AGV 小车完成配货以及打包服务。

据了解，美团无人配送车的平均送达时间为 17 分钟，95% 的订单可实现无人配送。美团 AI 智慧门店将人工智能技术与人们的生活场景相结合，实现了智能零售人、货、场的统一。

针对市场的不同需求，美团还提供了不同的配送模式，例如巡游模式、仓配一体模式和智能末端模式等，实现了不同场景的配送服务，如图 9-23 所示。

图 9-23　巡游模式

9.3.2　大白：京东的智慧物流体系

无论是电商巨头还是科技发展龙头，都开始研发无人配送车，京东也不落后。

与阿里巴巴的“小蛮驴”相比，大白最多可以放置 30 个常规大小的快递。但是它的速度较快，一小时可以行使 15 千米。当它到达配送点时，就可以通过人工智能技术将物流信息发送给用户。用户收到后，就可以通过人脸识别、手机短信取货码或者点击软件链接实现取货。

京东在物流领域一直做得比较出色，所以京东加大了人工智能在物流领域上的研发和投入。近几年来，京东的智慧物流系统发展非常迅速，已形成无人车、无人机和无人仓这 3 大智慧物流体系，引导物流行业全面升级。

早在 2018 年时，中国民航西北管理局就允许京东使用无人机进行物流运输，如图 9-24 所示。这是中国采用无人机在商业领域取得的巨大进展，也是京东智慧物流体系的重要里程碑之一。

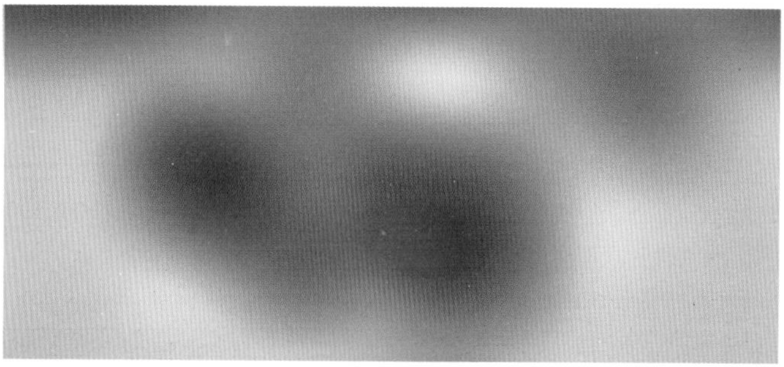

图 9-24　京东重型无人机

专家提醒

京东在物流方面的进展也影响了其他企业。虽然最后没有大规模发展，但是它为这些企业提供了一条新的路径，为人工智能的研究提供了一个新的方向，为智能零售创造了一个良好的开端。

9.3.3 菜鸟无人车：智能刷脸寄件

现今，菜鸟无人车频频出现在各大高校和大型社区里，用户还可以通过手机APP预约刷脸寄件，后台会根据数据信息智能出库。

菜鸟无人车内还具有非常完善的智能检测设备和传感器，可以对外界的情况实时监测，如果有意外情况，可以马上报警，并联系后台管理人员。

菜鸟无人车的应用范围非常广。2019年，菜鸟无人车载着200多瓶矿泉水在杭州云栖大会上转悠，如图9-25所示，为炎热的夏天送来一丝凉爽，当时人们都对这辆无人车感到好奇。

图9-25 菜鸟无人车

9.3.4 饿了么：无人机智能送外卖

饿了么建立了“蜂鸟配送”，以及更加智能的“方舟”调度系统，提高外卖平台的物流运营效率，将每个订单分配给最合适的骑手，为每位骑手规划最佳路径，并精确地将外卖送到每位顾客手上。

另外，饿了么还在研发无人机配餐，推出E7无人机，最高飞行时速可达65千米，最大载重为6千克，可以承载8～10份的外卖数量，让外卖配送更加安全高效，为智能零售开辟了新的路径，如图9-26所示。

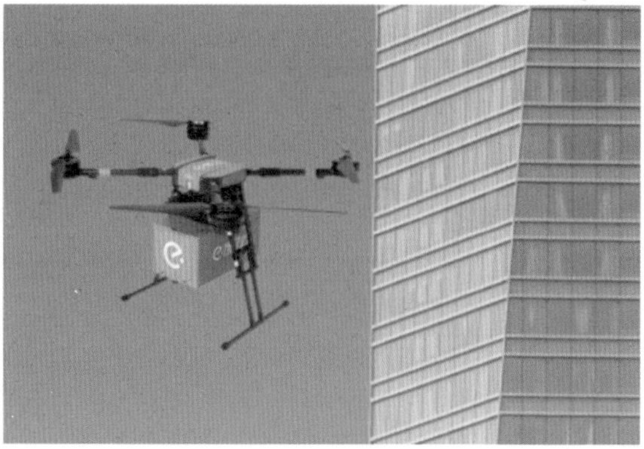

图 9-26　饿了么送餐无人机

9.3.5　乐栈：智能配送柜方便快捷

“乐栈”是一家互联网新锐 O2O 服务提供商，致力于为商务白领、社区家庭、医院以及学校等提供餐饮食品定制化服务。“乐栈”外卖平台支持外卖、立买吃和周预订 3 种订餐模式，同时与格力合作推出智能配送柜产品，打通配餐“最后一公里”，如图 9-27 所示。

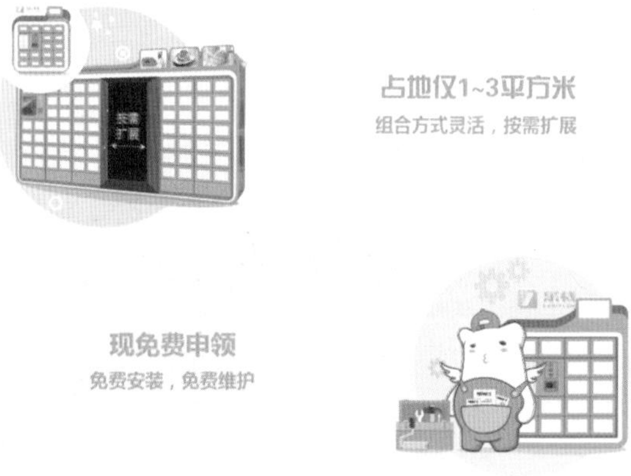
占地仅1~3平方米
组合方式灵活，按需扩展
现免费申领
免费安装，免费维护

图 9-27　智能配送柜产品

智能配送柜产品中包含了许多小格子，可以智能设置 0 ~ 60℃的调温环境，而且还具有消毒杀菌、逾期报警和多屏广告位展示等功能，可以放置在写字楼、企业、社区、书报亭以及其他场景中，支持现金、银行卡和在线支付等支付手段。

智能配送柜与“乐栈”的周预订订餐模式相结合，用户不用每天都去重复点外卖的操作，而是可以直接预订一周的外卖，合作商户会每天按时将餐品送至智能配送柜，用户可自行领取，大大减少了等餐时间。

第 10 章

其他领域：果实累累应用广泛

人工智能的应用领域十分广泛。本章主要从农业、法律、内容营销、工业、金融和道德规范这六个方面为大家简单介绍其实际应用，希望能够帮助大家更好地了解人工智能，让其更快地融入我们的生活。

10.1　农业领域：现代化技术的黎明

在农业领域中，已经应用到了很多人工智能的技术，比如无人机喷洒农药，实时监控、物料采购和数据收集等，优化了农业现代化管理，减少了许多时间和人力成本，极大地提高了农牧业的产量。

10.1.1　田间气象站：进行天气跟踪

人工智能在农业领域的应用，主要体现在预测天气变化、优化农艺管理和室内农业管理这 3 个方面。

1. 预测天气变化

预测天气变化有利于获取最新的天气预报，减少因天气变化造成的农作物损失，且获取的气象信息能帮助农民做出正确合理的决策，顺利地进行农业生产。图 10-1 所示为借助田间气象站来进行天气跟踪。

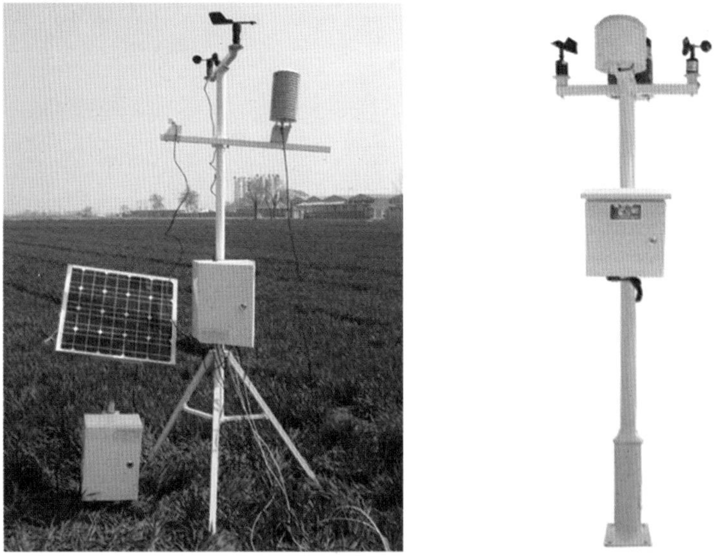

图 10-1　田间气象站

2. 优化农艺管理

利用大数据和人工智能等技术为农民提供农业问题的解决方案，可以协助调整耕种计划或更换农作物，提高土地的土壤肥沃度和利用率，预测产量。通过人工智能对农田的各种数据和成像的预测和分析，可以建立正确有效的耕种模式，减少气候因素的影响，以提高农作物的预期产量。

3. 室内农业管理

室内农业近几年来发展迅速，已成为农业发展的新方向，室内农业具有很大的优势，比如用水量控制更加精准、土地面积利用率更高和化学肥料安全性更好。当然，室内农业的发展依然面临很多困难和挑战。所以，室内农业需要借助人工智能来实现自动化和智能化。

通过人工智能传感器采集物理数据，控制光线和调节水分，监测每株农作物的健康状况，室内农业能自动配置最合适的气候条件。

10.1.2 AI 喷洒：保护环境和农作物

清除杂草是农业生产中的重要环节，然而过去传统农业严重依赖化学农药，结果造成大量的农药残留，不仅污染环境，而且危害人类健康。

图 10-2 所示为 AI 除草剂喷洒机。通过人工智能图像识别技术，开发出能够分辨杂草的智能除草剂喷洒机器进行喷洒，这种方式相比过去传统的农药喷洒，既降低了成本又提高了效率，对环境和农作物也起到了很好的保护作用。

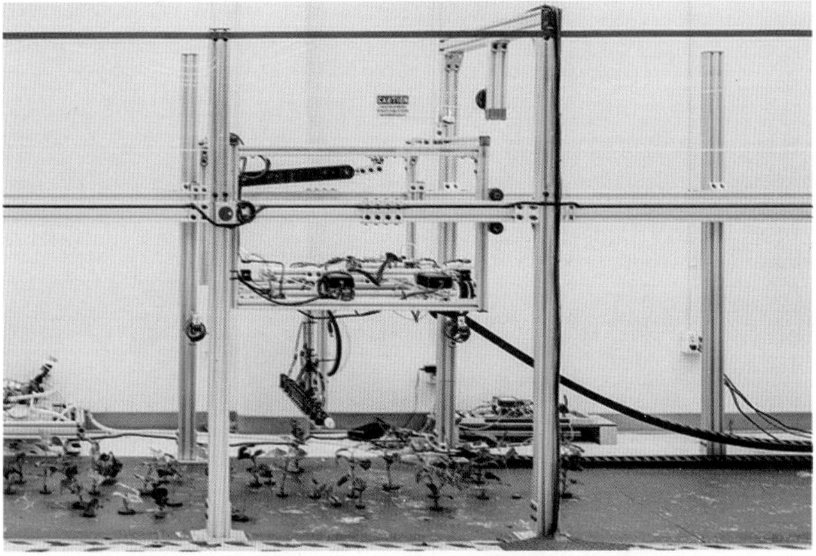

图 10-2 AI 除草剂喷洒机

人工智能技术可以实现农业自动化生产，增加农作物的产量，优化农业生产管理，加速农业现代化的建设。

图 10-3 所示为无人机喷洒农药。人工智能对农业领域的影响是非常大的，无人机喷洒农药可以减少农药的用量，而且还能降低农药中毒的风险，提高食品的健康程度。

图 10-3　无人机喷洒农药

10.1.3　采摘机器人：减少经济损失

另外，人工智能技术也应用于农作物的采摘环节。每到收获的季节，需要大量的劳动力来进行农作物的采摘，但是在劳动力短缺、人口日益老龄化的今天，劳动力稀缺成为农业种植者最为困扰的问题之一。

而采摘机器人可以很好地解决这个问题，如图 10-4 所示。与人工相比，采摘机器人可以提高工作效率，减少农作物的损失，同时也减少人工成本，而且智能化程度高。

图 10-4　采摘机器人

10.1.4 禽畜健康：保障食品的安全

与种植业相比，畜牧业的个体经济价值更高。如果家禽或家畜受到疾病的影响，造成的损失会非常大。而且在养殖的过程中，即便是经验非常丰富的饲养员，也不能做到对每头动物的情况都一清二楚，但人工智能技术可以解决这个难题。

通过人工来检查食品的质量所耗费的时间比较长，而且检查也无法彻底，更重要的是，这种检查方式往往会破坏食物的质量，导致大量的资源浪费和成本损失。

利用人工智能和高光谱成像技术，从外部就能检测出食品质量的信息，避免了破坏食物的可能。这样既减少了不必要的浪费，又保障了食品的质量安全。

通过人工智能技术和配套的物联网设备来对数据进行收集和处理，这样可以直观地了解每头动物的健康情况及信息，正确诊断疾病，以便进行有效的治疗，避免可能造成的损失。

未来，人工智能在农业领域的应用范围将会不断扩大，技术也会越来越先进成熟。推动农业领域人工智能发展的因素主要有 4 个，具体内容如下。

（1）人口的增长使得人们对农业生产的需求不断扩大。

（2）在农业生产过程中，先进技术和设备越来越普及。

（3）通过人工智能深度学习技术来提高农作物的产量。

（4）世界各国对现代化农业发展的支持不断地增加。

10.2 智慧法律：AI 下的数字新格局

人工智能的模型为法院提供了数据化的建设基础，让法院也变得越来越智能化，为法律事业的进一步发展创造出新的机遇。

另外，由于国家政策的大力推动，以及各级法院的积极建设，我们的法律业务流程变得越来越数字化，以前要花费很多时间的法律业务，在人工智能的帮助下，变得越来越快捷。

10.2.1 亚迅威视：智慧法院解决方案

亚迅威视是深圳一家以警用电子科技为主导产品的高科技企业。它在智慧法院的构建中做得非常出色，针对公安、检察院和法院等国家机关，为其提供一整套的审讯及数字化法庭解决方案。

例如，亚迅威视研发的远程听证系统，如图 10-5 所示。该系统由若干部分组成，例如中心机房、云视频会议中心和视频会议终端设备等。

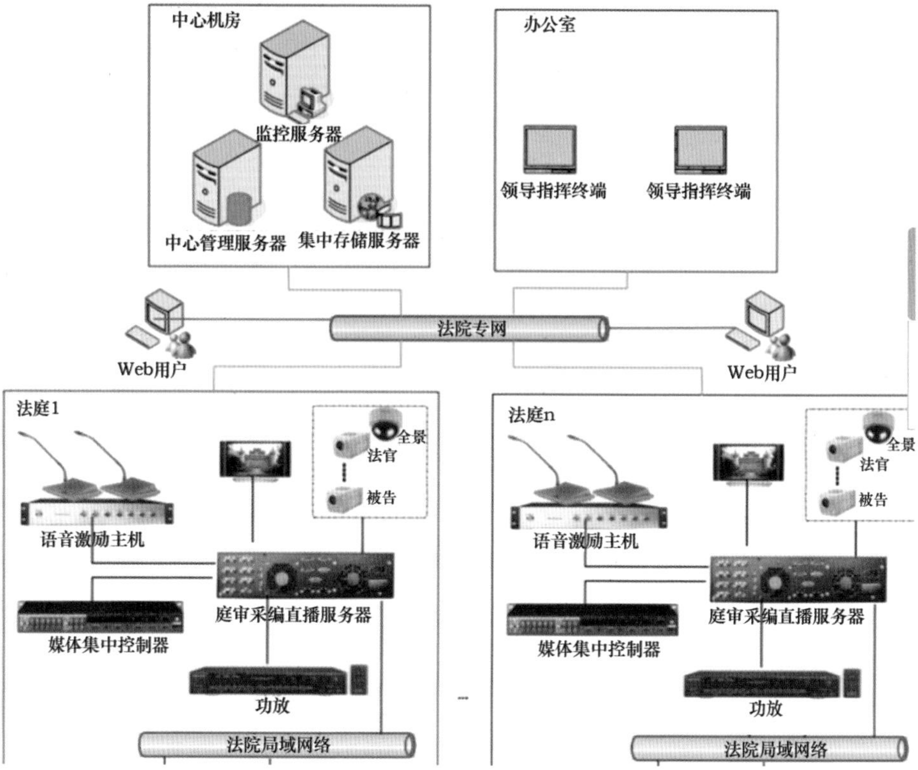

图 10-5 远程听证系统

远程听证系统通过与云端相连接，能够满足同步录音录像功能，还能让不方便到场的听证人员及时了解会议情况或实时参与听证。

另外，大家知道，传统的劳动仲裁需要经过多个程序和步骤，且时间成本高。但是，利用人工智能技术，可以采用劳动仲裁信息化系统，如图 10-6 所示。该系统可以将多元化纠纷数字化，从而实现手机线上申请、线上通知和远程调解等功能，简化了审理程序，极大地节约了用户时间，实现了仲裁机关与人工智能的有机结合，提升了法院处理案件的效率。

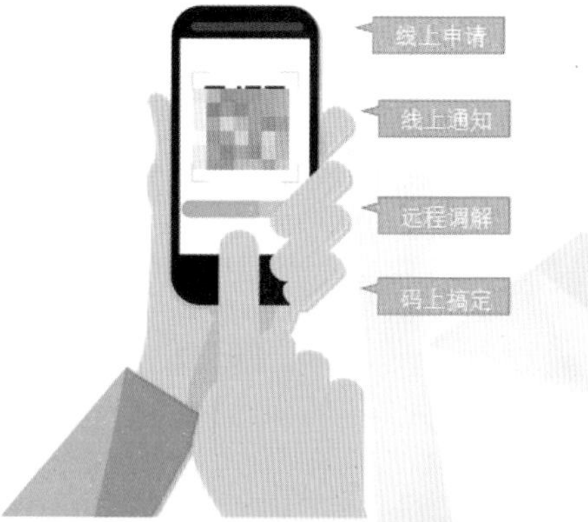

图 10-6 劳动仲裁信息化系统

亚迅威视的智能法律系统非常完善，覆盖范围非常广泛。图 10-7 所示为智能移动问讯系统。在其原有的基础上，利用人工智能信息化技术，采用智能摄像头、专用监控和视频联动等功能和设备，进一步加强了执法力度。

图 10-7　智能移动问讯系统

图 10-8 所示为 AI 智能分析预警系统，具体包括视频监控系统、人脸识别门禁系统、紧急呼叫报警系统和装备管理系统，能自主分析紧急情况并实现报警功能。

图 10-8　AI 智能分析预警系统

该系统通过专用通道控制主机，对云台的多台摄像机进行指挥操作，有利于法律人员对整体业务的把控，并通过特殊的录像方式，为决策提供有力的数据支持，使效率达到最大化。

10.2.2　视尔信息：软硬兼顾智慧便民

为了更好地为法院提供系统化的服务，合肥视尔信息科技有限公司打造了一整套的智慧法务流程系统。图 10-9 所示为企业核心技术框架。采用自然语言处理系统和图像处理等人工智能技术，该系统能够模拟真人帮助来访群众了解立案、诉讼文书、司法救助和调解等基本信息。

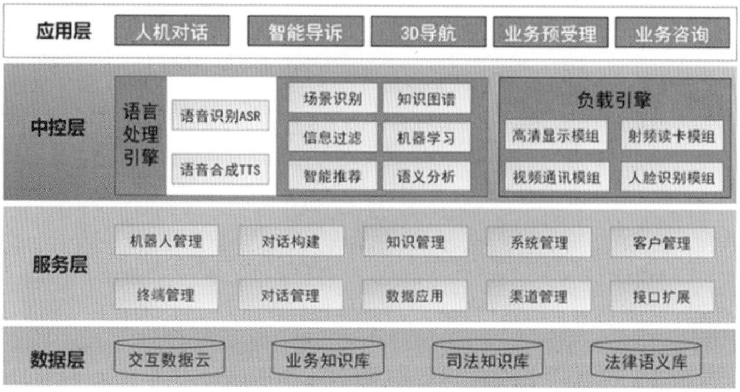

图 10-9　企业核心技术框架

利用智能语音技术，并将其与司法行业知识库相融合，合肥视尔信息科技有限公司还研发了智能语音导诉机器人，如图 10-10 所示。

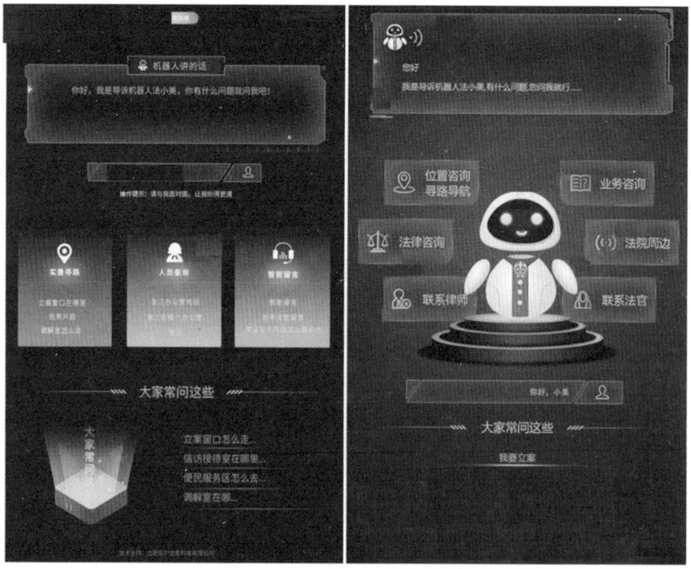

图 10-10　智能语音导诉机器人

智能语音导诉机器人主要提供司法专业问题的回答，只需对着服务器说出问题，就能获得想要的信息。

作为全国首家将机器人用于法律行业的企业，它的机器人当然不只是在屏幕里这么简单。图 10-11 所示为合肥视尔信息科技有限公司研发的诉讼服务机器人。它能提供更灵活、更全面的诉讼服务。

图 10-11　诉讼服务机器人

以 3D 可视化编辑器和 AR 技术为依托，合肥视尔信息科技有限公司还研发了智能导航系统，如图 10-12 所示。它能够以第一人称的视角，为用户提供 3D 法院实景导航功能，还为用户提供周边商圈的公共服务信息。

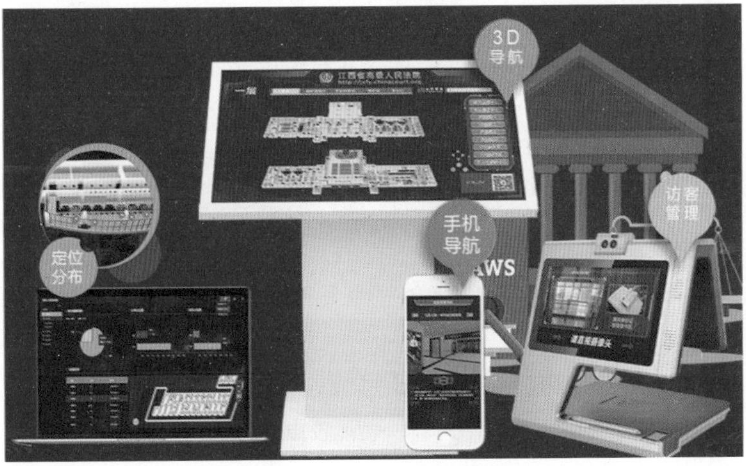

图 10-12　智能导航系统

为了进一步满足用户的诉讼需求，解决诉讼文书填写困难的问题，企业还研发了自助填写台和诉状生成一体机，如图 10-13 所示。它具备证明材料填写向导和上下文提示功能，引领用户快捷完成文书编写，还具备拷贝和打印功能。

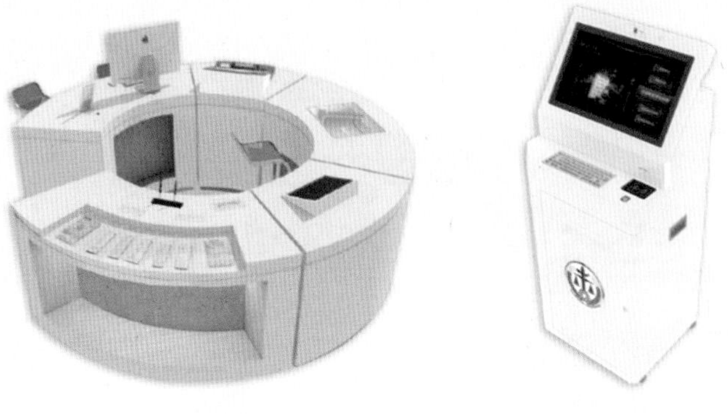

图 10-13　自助填写台和诉状生成一体机

另外，它还具有智能收转云柜，如图 10-14 所示。不仅登录方式多样化，还具备人脸识别和电子监控等高级防护技术，其智能云柜管理平台可以实现内部流转诉讼资料，避免受法院现场提交等带来的时间和空间的限制，也大大提高了诉讼材料转交的安全性，节约了司法资源，实现了文件柜与人工智能技术的无缝对接，从而打造出更便捷的服务。

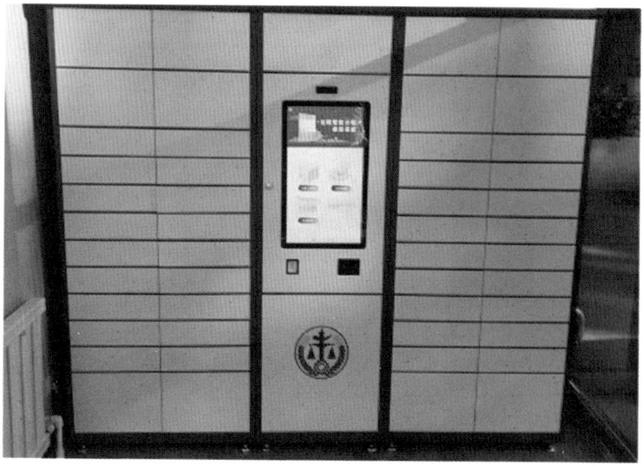

图 10-14　智能收转云柜

10.2.3　法狗狗：为企业提供法律服务

法狗狗是以人工智能为基础，为国内律师事务所提供一体式营销方案的智能企业。法狗狗将来自硅谷的大数据与人工智能技术相融合，可以帮助企业法务部门解决项目流程冗长、跟进难，以及文本数据庞大不好管理等痛点难点问题。

图 10-15 所示为法狗狗包含的智能核心功能、技术支持以及企业核心法务环节。具体包括智能咨询、案件智能检索、案件智能评估和案件智能管理。

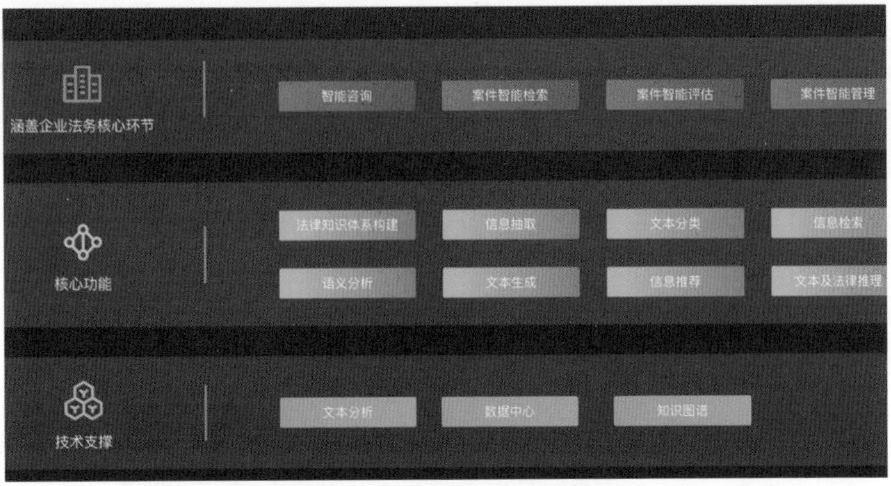

图 10-15 法狗狗的技术框架

另外，它还具备智能天问系统，能够接入各类智能硬件，如图 10-16 所示。它最大的优势在于能提供可定制的对话流程，通过多轮交互实现高效案件办理。

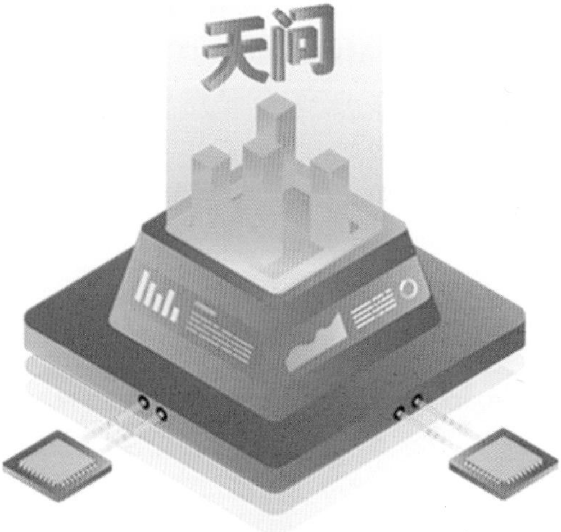

图 10-16 智能天问系统

10.2.4 AI 辅助审判：案件判决一致化

基于积累的大量论文、数据及模型，法律与人工智能的跨界发展已经渐成规模。就我国而言，也已经有了比较成功的人工智能解决方案。

在法律领域，人工智能的应用还体现在对案情的预判方面。例如，智能 AI 法官助理——“小智”，如图 10-17 所示。在一个金融案件的审理中，法官很少发声，全程由“小智”进行提问。通过远程摄像头，它能智能识别原告与被告的身份，并能根据双方的证词，梳理案情，判断证据是否属实。

图 10-17 智能 AI 法官助理“小智”

法官表示，类似的金融案件从开庭到判决，再到文书的归档总结，前后至少需要 40 天，但是有了“小智”之后，整个案件的流程走下来，法官仅需认真工作 50 分钟，极大地提高了办案效率。

另外，这款人工智能产品，在法律预判方面的功能包含两个角度：一个是客户，一个是律师，具体内容如下。

（1）客户：客户获取产品后，可根据具体情况选择机器人的设定条件，当全部条件选择完成后，关于这一案情的大概预判结果也就有了。

（2）律师：律师通过产品可查看客户的咨询信息，尽快了解详细案情和掌握切入点，提高工作效率，从而尽可能地提升接单的可能性。

10.3 内容营销：开辟了全新的天地

从内容的优化，到更有价值的数据，再到提高预测的把握，人工智能将逐渐渗透到市场营销领域中，并带来可喜的发展变化，为营销创造一个全新的天地。当人工智能被引入营销领域时，该领域内的各方面都将围绕人工智能发生改变。

10.3.1 AI 词曲机器人：一键快速听歌

随着人工智能的发展，智能技术不仅仅是运用在听歌方面，还能实现机器人作词作曲功能。例如，人工智能在音乐领域的资深级应用——作词机器人“小芝”，如图 10–18 所示。通过 AI 深度学习容纳了 500 首各种风格的词库大数据，机器人“小芝”可以智能创作 6 种风格的歌词，例如流行、说唱、国风和民族等。

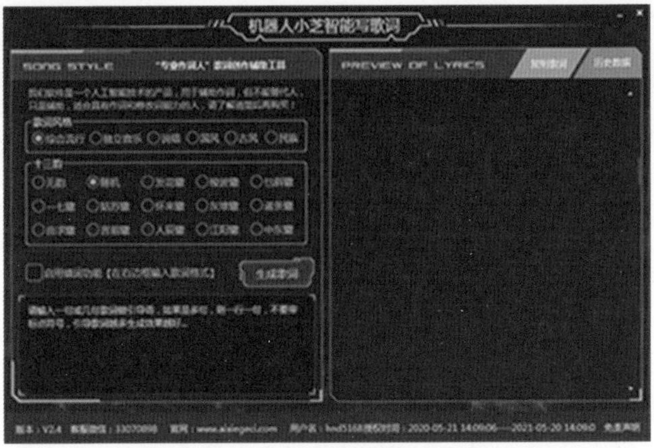

图 10–18 作词机器人“小芝”

用户只需输入引导词，“小芝”就能自主响应生成原创歌词。用户还可以根据需要选择合适的韵脚，例如发花辙、姑苏辙和江阳辙等，每个韵脚均对应不同的情感。除了词，还要有曲与之相互配合才是一首完整的歌。通过对人工智能技术的应用，AI 作曲机器人也成为可能，如图 10–19 所示。

图 10–19 作曲机器人

在其系统中输入四句歌词，这个 AI 作曲机器人就能在 30 秒内生成曲调，同时还有伴奏和演唱，十分有趣。

10.3.2 智能 Logo 设计：仅需 10 秒

智能 Logo 设计系统拥有算法分析和智能数据库等功能，用户只要输入名称和行业，仅需 10 秒就能生成一个品牌 Logo，如图 10-20 所示。

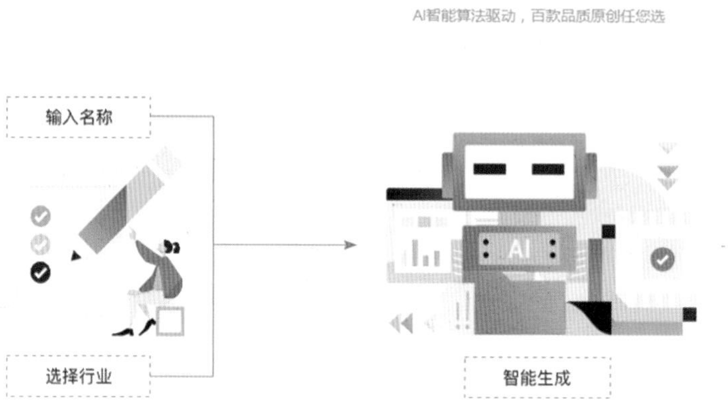

图 10-20 智能 Logo 设计

这无疑是人工智能在商业领域的又一发展方式，这一功能受到了许多中小型企业的追捧。例如，该系统为“轻语轻食”设计的 Logo，如图 10-21 所示。

图 10-21 “轻语轻食”Logo 设计

该 Logo 以红、黄、绿三色为主体，交相辉映，给人以愉悦的感觉。之所以采取圆形，是因为呼应了“轻”的拼音首字母 Q 的形状，看似简单，实则内涵丰富。

这也体现了 AI 设计的高明之处，而不是简简单单地乱画。

10.3.3 新闻出版：AI 挑战记者和作家

现今，众多媒体开始引入人工智能进行普通文案的撰写，这同样意味着人工智能的功能有了重大提升。

在人工智能的引入过程中，文案的写作一方面凭借 AI 的智能化提升了写作效率，另一方面又在其帮助下，利用海量数据准确获知消费者需求，创造了更具个性化的营销内容，使得营销效果更佳。

人工智能引入网络营销的案例有很多，例如国内唯一实现原创智能写作的产品——Giiso 写作机器人，如图 10-22 所示。只要在系统界面选择题材、车系和模板，Giiso 写作机器人就可以智能生成汽车文案。

图 10-22 Giiso 写作机器人

Giiso 写作机器人还能进行热点、财经、思想学习和天气预报等方面的内容写作。借助人工智能，更加快速地进行内容撰写，能在很大程度上减轻营销人员的工作量，保证信息的有效传播，提升被目标客户阅读的概率。另外，通过 AI 深度学习，Giiso 写作机器人生成的文案语句通顺，有深度，非常适合网络用户阅读。

总体来说，人工智能已经在内容营销领域产生了巨大的影响。但是，企业怎样才能够通过 AI 技术更好地把握公司在内容产出领域良好的发展趋势呢？下面为大家具体介绍。

（1）发达的信息技术促成不同渠道的数据获取。

（2）借助智能算法，筛选出与企业自身相关、与行业相关和与消费者相关的有效信息。

（3）构建能准确预估潜在结果的模型。

（4）企业进行精密分析，形成决策依据。

（5）实现销售量和用户数量的双增长。

10.4 智能工厂：自动化的必然趋势

人工智能在产业、经济和生活方面所产生的变化主要表现在 3 个领域，即工业制造、服务业和家庭生活。其中，工业制造是人工智能技术应用的主要领域。

本节将从工业领域的人工智能应用出发，具体介绍人工智能的应用状况及其与各细分工业领域的关系。

10.4.1 工业检查：应用 AI 视觉技术

电子和机械加工是工业的重要组成部分，是保证工业发展正常运行的力量所在。而电子产业的定期检查与维护，又是确保电子产业生产安全的必要环节。因为这类检查任务往往是对产品进行精细化操作，其任务的完成存在很大的难度。

随着人工智能技术的发展，已经可以利用计算机视觉技术和神经网络系统识别物体了。例如，普密斯精密仪器有限公司利用其自主研发的 i-Vision AI 视觉技术，再配合 AI 软件，能实现读取精密零部件的尺寸，如图 10-23 所示。

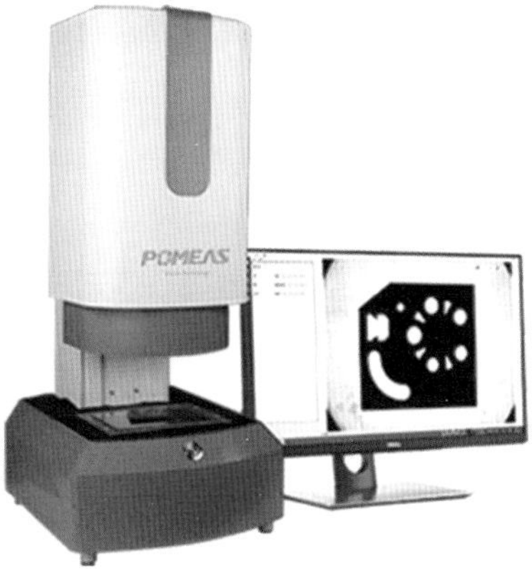

图 10-23 AI 智能一键式测量仪

另外，利用其神经网络系统，还能对产品样本实现智能打光，如图 10-24 所示。简单地说，就是可以将灯光调至每个都是双八环的强度，并支持自动设置照明状态操作，可以消除任何人为因素带来的误差。

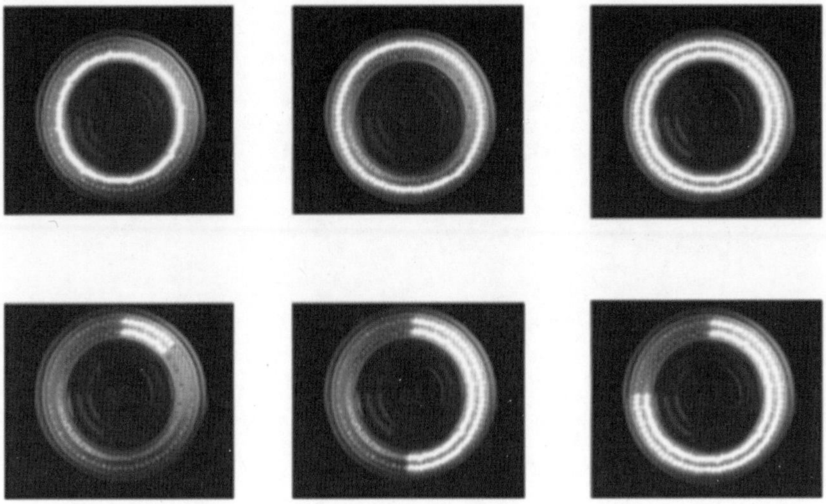

图 10-24　智能打光

10.4.2　商迪 3D：工业可视化物联网

顾名思义，商迪 3D 是一家以 3D 技术为核心的服务类企业。它能对接各种数据 API 接口，并利用 3D 建模，构建数字化可视工厂，如图 10-25 所示。

图 10-25　商迪 3D 的数字化可视工厂

另外，商迪 3D 还能结合智能配电 3D 物联网管理系统，为用户提供电能统计与控制功能，如图 10-26 所示。这种数字化的运维方式降低了人力和物力成本，能够帮助用户更好地实现用电信息化。

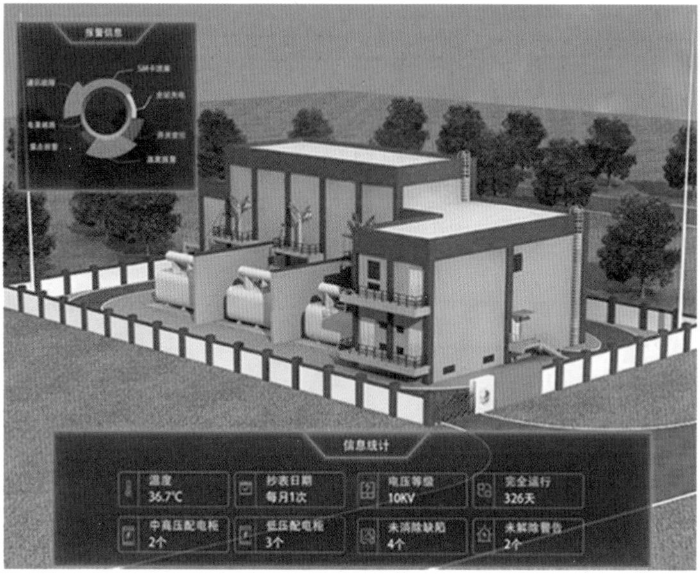

图 10-26　智能配电 3D 物联网管理系统

同时，它还能对机械设备进行 3D 建模，如图 10-27 所示。在系统中，能够 360 度拖拉，对设备进行全方位的展现，更有利于客户了解企业产品。人工智能在工业领域的发展已经达到了前所未有的高度，企业应顺应时代发展的脚步，充分利用 AI 进行工业赋能。

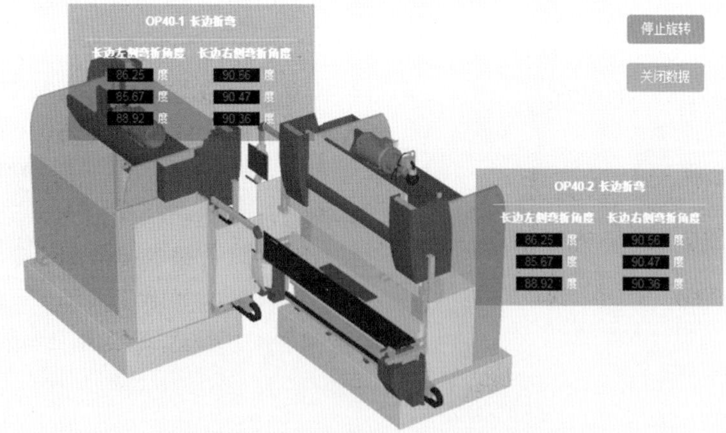

图 10-27　对机械设备进行 3D 建模

这种建模也从侧面证明了，人工智能要想获得实际应用，就必须有相关的产品输出。从这一方面来说，所有人工智能产品的工业设计都是人工智能技术应用的前提，它将人工智能技术与产品进行了有效的结合，并为进一步在人们生活中实现产品功能应用奠定了基础。

因而，就人工智能与工业设计的关系而言，它们都是为产品服务的，是产品的主要内容，具体如下。

（1）就产品的外观而言，工业设计构成了其主要内容。

（2）就产品的感觉而言，人工智能构成了其主要内容。

在智能产品从技术到应用的过程中，人工智能与工业设计缺一不可，它们形成了相辅相成的关系。

而且，基于上面提及的人工智能与工业设计的关系，人工智能与工业设计的结合体——智能产品的设计应该注意四个方面的问题，如图 10-28 所示。

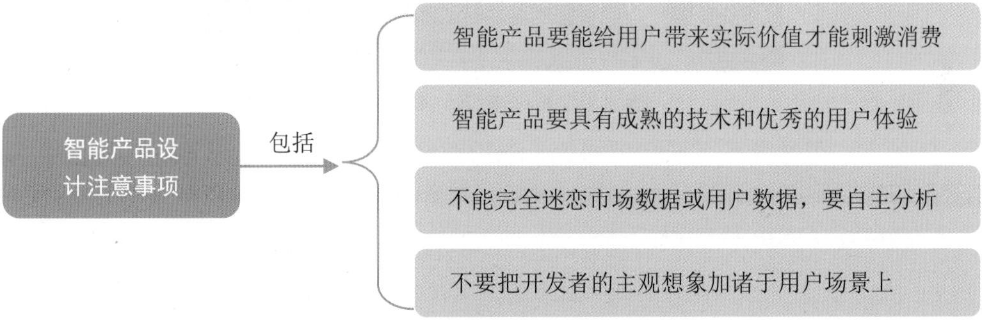

图 10-28　智能产品设计注意事项

10.4.3　富士康：石油化工 AI 信息化

以前，富士康作为代工厂商，基于节约成本和获得最大化利润的考虑，一直是“人力 + 机器”的生产方式，其工厂用工规模将近 100 万。

然而后来，富士康开始积极推进机器换人行动，提升自动化生产水平，其实这一行动是基于三个方面的原因而出现的，具体内容如下。

（1）劳动力成本的增加。

（2）利润空间逐渐缩小。

（3）国家发展战略引导。

图 10-29 所示为富士康投入运行的机器人。每种机器人的类型不一样，所负责的工作范围和职能也不一样，这些被投入生产的机器人遍及富士康集团各部，实现了机器换人的广泛应用。

从富士康机器换人行动可知，其应用的动力就在于机器人对长期发展所带来的优势，具体表现在两个方面：一方面，它可以实现流水生产线上的劳动力解放；另一方面，工业机器人具有可持续作业和单位生产效率高的特点，有利于降低生产成本。

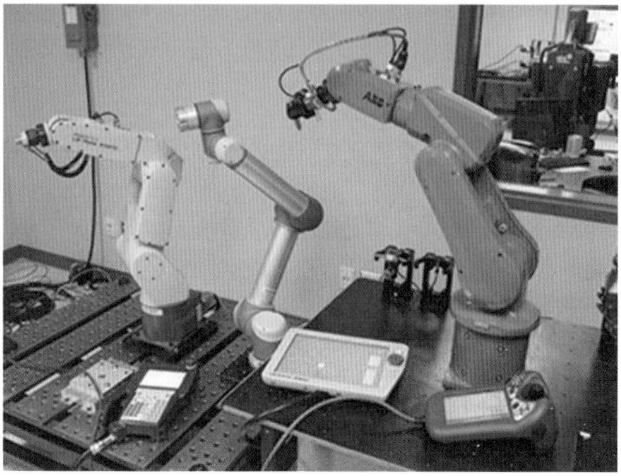

图 10-29　富士康投入运行的机器人

10.4.4　鼎捷软件：数字化转型捷径

鼎捷软件是利用人工智能打造数字化工厂整体解决方案的标志性企业之一，如图 10-30 所示。它的数字化工厂具有三大特点，即智能化、信息化和自动化。

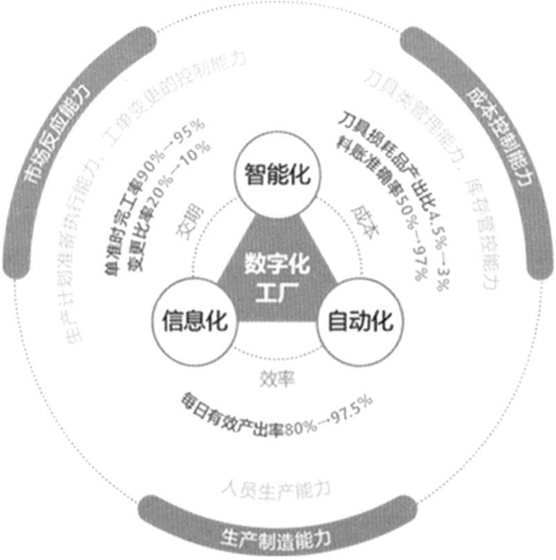

图 10-30　数字化工厂的三大特点

鼎捷软件为有需要的用户打造了六大“数智工厂”，即智物流、智机联网、智品质、智派工、智能车间和智战情。下面逐一为大家解读。

一般来说，企业难免会出现供应商送货时间长，错漏错发或者生产现场不透明，工艺成本高的情况。智物流就是通过 PDA 与 ERP 数据联动，采用条码和移动设备相结合的方式，将其应用在工厂的采购、生产、存储和发货等环节，如图 10-31 所示。

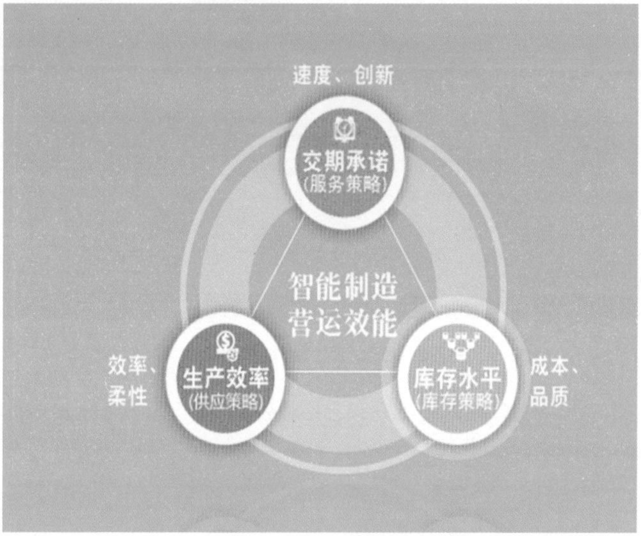

图 10-31 智物流

智派工是指它能根据车间日计划，对车间的生产进度和车间状况在云端进行调度和安排，具体包括协调资源、调整计划、协调委外和暂停生产等功能，实现工厂的派工作业，是全厂的智能中心，如图 10-32 所示。

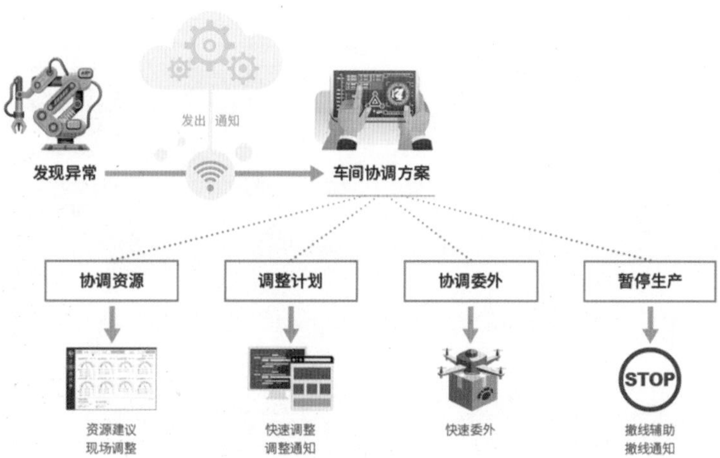

图 10-32 智派工

运用智能车间系统的工装主管对车间的管控更加透明，可以实现全程追溯生产过程，实现决策有理可依，如图 10-33 所示。

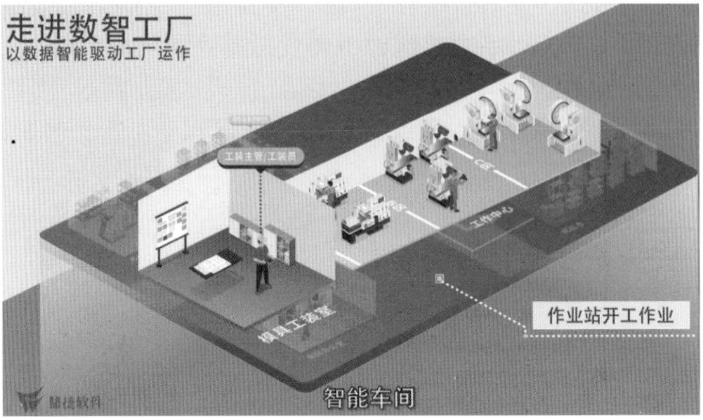

图 10-33　智能车间

智品质提供了大量能够进行多维度质量分析的工具，可以实现在线处理质量问题，保证生产品质。

智能车间广泛应用在汽车零部件的精细化车间管理中，可以降低库存，提高人均产值，实现车间的透明化管理。

智战情是指通过 IT 和人工智能算法，在工厂的大屏幕上能实时监测生产状况，并自主生成检测报告，不仅仅是让管理者，还有底层员工也能了解生产进度，如图 10-34 所示。智战情能将生产状况数据实时反馈到系统，极大地缩短了生产计划处理时间，一般只需半小时，工单的准时完工率可以达到 80%。

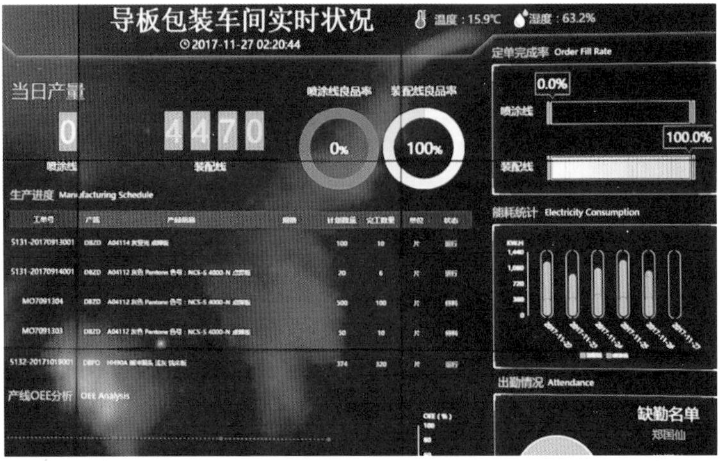

图 10-34　智战情

鼎捷软件自主研发的 SFT 系统和 sMES 系统能够实现多机台的整合，达到自动提醒和预防的目的，如图 10-35 所示。机台的高效化工作是人机协作的智能化体现，对系统的技术要求非常高。

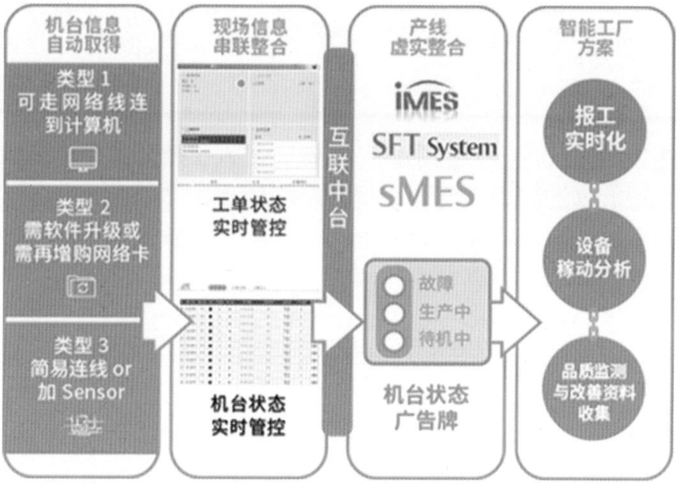

图 10-35　智机联网

这一整套的智能工厂流程得归功于鼎捷软件的 AI 设备云，如图 10-36 所示。从远程监控、生产加工到仓库调配，AI 设备云都能迅速响应，面对复杂和紧急情况时，还能实现智能报警，是一个全面的数字化工厂。

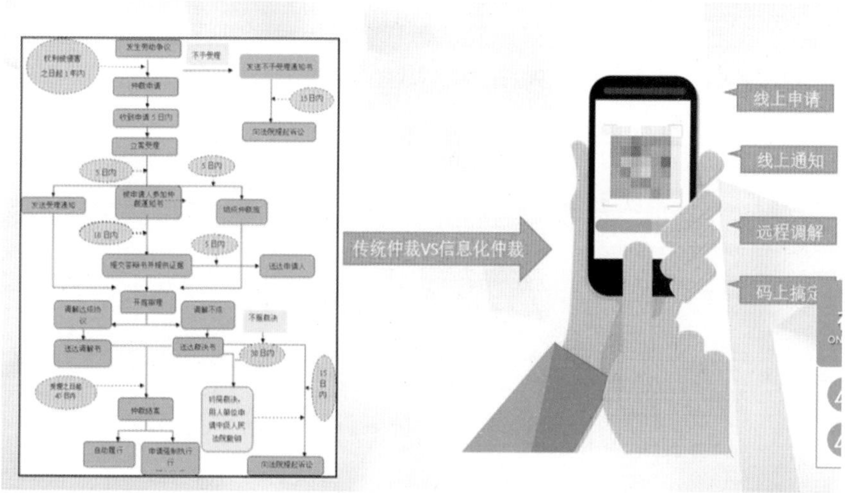

图 10-36　AI 设备云

10.5 智能金融：挑战与风险并存

一提到金融，大家就会想到这是一个挑战与风险并存的领域。但是，人工智能与金融的全面结合可以降低投资带来的风险。下面就通过讲述人工智能在金融方面的三个应用和一个实例为大家详细解读。

10.5.1 三个方面：提高用户的体验度

人工智能之所以适用于金融领域，主要在于人工智能应用的三大要素，即海量的数据、处理数据的能力和商业表现。

它在金融领域的应用可从三个方面考虑，利用人脸识别和图像识别等技术，可实现效率、质量和顾问方面能力的提升，具体如图 10-37 所示。

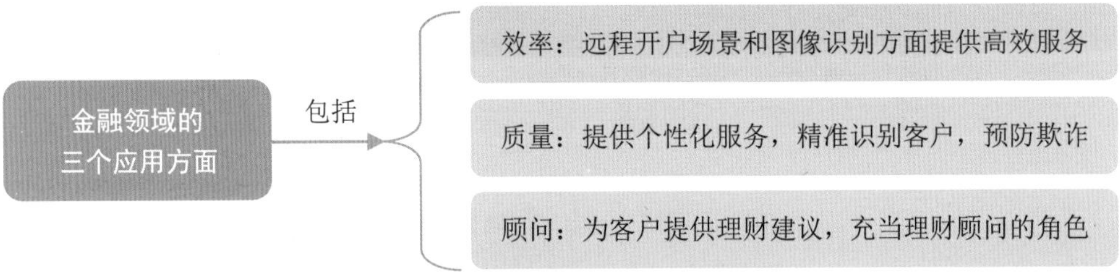

图 10-37 金融领域的三个应用方面

10.5.2 金融壹账通：加速金融智能化

金融壹账通是国内客户数最多的金融商业云平台，集智能运营、智能问答、模型系统和标签系统于一体，如图 10-38 所示。

图 10-38 金融壹账通智能化系统

AI 技术的运用，将客户端与座席端相连接，使用户能够在智能电话中得到更高级的金融营销服务，其保密性也更高，如图 10-39 所示。它还提供智能在线机器人、智能知识平台、智能质检和座席辅助功能，帮助企业进行售后跟踪。

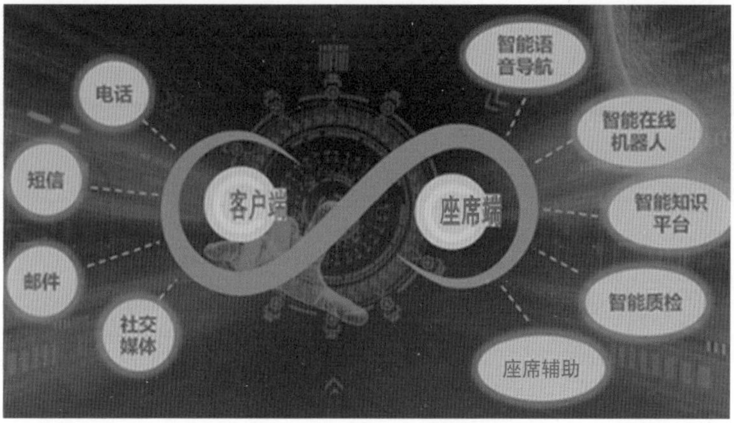

图 10-39 连接客户端与座席端

银行与金融一般是分不开的。金融壹账通有专属的银行云系统，能够为银行用户提供专属的服务，即智能银行 SaaS 服务，如图 10-40 所示。该系统能够帮助银行扩张线上业务，全面提升银行的服务能力。

图 10-40 智能银行 SaaS 服务

10.6 道德规范：智能引发的新思考

随着人工智能技术的发展和应用，有关于这一技术所产生的道德方面的问题也开始凸显，逐渐成为人们关注的焦点。下面对人工智能发展所引发的关于道德方面的思考进行介绍。

10.6.1 系统安全：人类监管的滞后

就人工智能系统的安全性方面而言，首先在于其系统的复杂性所产生的人类监管滞后性问题。因为人工智能是基于海量数据而构建起来的复杂系统，一般是超越人类自身运算范围的，且在以机器学习为基础的人工智能系统中，人们无法探寻系统的行动本质和采取某一行动的原因，失去了对其有力的监控。且在复杂的计算机系统支持下，人类的自主控制权也逐渐减弱，当发展到一定程度时，对人工智能系统的监管将失去作用。

到那时，人工智能产品在失去监管的情况下，将会对社会和社会道德产生难以估量的影响，就如目前的机器人伦理意识问题一样，将成为困扰人们关于人工智能的重要道德问题。

其次，人工智能的应用领域已经非常广泛，更是涉及了医疗健康和刑事司法系统等有关人们生命安全的领域。当人工智能系统在对这些领域的一些问题如假释、诊断等做出决策时，失控风险也将来到，担责方确定的问题随之出现。此时，在缺乏法律依据的情况下，从道德层面来解决的话，又将出现怎样严峻的问题和考验呢?

10.6.2 就业问题：机器人取代人类

人工智能的发展，收获的不仅是人工智能技术的发展，更多的是其产品的出现和应用，如人们熟知的机器人就是其中的一类。而机器人的出现，将使工作简单化，并表现出其在工作方面强大的承受力和解决问题的能力，这就使得其取代越来越多的人类工人成为必然。

而作为寻求更大利润和发展机遇的企业，面对机器人取代人类工人的潮流，无疑会积极地靠近和投入其中。如我国富士康集团已经就这一情况进行了部署，宣布将用机器人取代人类工人，其数量之多（取代六万名工人）令人们惊叹的同时也产生了深深的担忧。机器人将取代人类工人的趋势，形成了对人类就业问题的巨大挑战和冲击。

10.6.3 心理健康问题：缺乏自我认同感

随着人工智能对人类就业问题的冲击的出现，人工智能也将影响着人类的心理健康。其原因在于，从事一份有意义的工作，是人们创造价值和产生自我认同感的源头，当其源头枯竭的时候，人生意义的实现也将出现断层，这是缺乏自我认同感的体现，心理问题的出现也就不足为奇了。

第 11 章

商业模式：开辟更广阔的天地

在人工智能技术取得重大进展的同时，其商业应用和盈利模式也有了新的发展。本章围绕人工智能的五种商业模式和三种盈利模式进行介绍，以便读者进一步了解人工智能，展望其商业前景。

11.1 五大商业模式：实现了更好的发展

人工智能经过几十年的发展，已经在多种商业场景中得到了应用。在这些应用和拓展中，人工智能逐渐形成了五大商业模式，体现其经济效益。本节逐一进行详细的解析。

11.1.1 生态构建模式：引起格局改变

在人工智能的五大商业模式中，人工智能的生态构建无疑是最重要的一种模式。这主要是由其发展趋势和竞争格局决定的。

对于人工智能来说，其平台化的发展趋势引发了人工智能竞争格局的改变，这就使得生态构建成为其未来发展的关键和重点。

在人工智能的生态构建商业模式发展中，比较成功的主要有谷歌、亚马逊等构建在互联网基础上的企业。这些企业在发展人工智能商业过程中，经历了从入口突破到积累应用的过程，实现了更好的发展。

11.1.2 技术驱动模式：实现商业发展

在人工智能的技术驱动模式中，发展较成功的一般是一些知名的软件公司，如 Microsoft、IBM Watson 等。这些公司凭借其在软件方面的优势，构建起人工智能技术方面的优势，从而实现其商业发展落地。

他们深耕算法和技术，从而建立起行业优势，然后以具体场景作为网络入口，建立起自己的应用平台，在此基础上大量发展和累积自己的目标客户，这就是人工智能技术驱动模式的流程。

11.1.3 应用聚焦模式：与传统相结合

与生态构建模式和技术驱动模式不同的是，在人工智能的应用聚焦模式中，人工智能所有的商业价值发掘集中表现在其应用场景上。应用聚焦模式既没有生态构建模式的“全产业生态链”发展点，也没有技术驱动模式的“技术层”发展点，其重点在于怎样取得场景应用的“扩大化”和“细化”。因此，这类人工智能的商业发展模式中，创业公司和传统行业公司比较占有优势。

在应用聚焦模式中，企业获取成功的因素可分为两个方面，即自身方面和与之合作的企业方面，如图 11-1 所示。

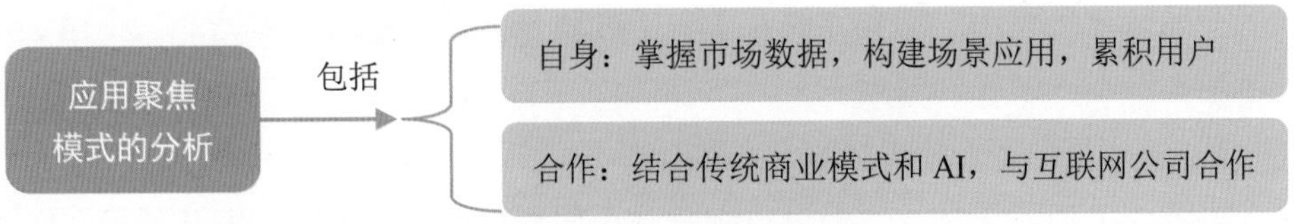

图 11-1　应用聚焦模式的分析

11.1.4　垂直发展模式：与智能相结合

这一人工智能商业模式主要适用于那些在某些细分垂直领域发展突出的企业。例如，打车垂直细分领域的佼佼者——滴滴出行，在机器视觉和深度学习细分领域的领先企业——旷视科技等。

一方面，这些企业从外部发展出发，依靠其富有影响力的应用，来积累海量的用户数据；另一方面，它们又从企业自身水平出发，对所处垂直领域人工智能的通用技术和算法进行深度研发，以此打造出在细分垂直领域有着领先发展水平的企业良好形象。

11.1.5　基础设施模式：行业深度融合

这一类人工智能商业模式主要适用于一些研发芯片或硬件等基础设施的公司。它们有着最基础的技术，能解决人工智能行业发展最基本的问题。它们只要通过不断的应用拓展、技术创新和行业融合，就可完全构建人工智能全产业链生态，并在产业链上逐步从上游向下游拓展。

一般来说，从基础设施切入的人工智能商业模式的发展，首先是在其具有优势的技术领域进行的应用场景拓展，特别是在人工智能中起着重要作用的芯片方面，相关企业的人工智能商业发展总是建立在具有智能计算能力的新型芯片基础之上的。

其次，这一模式还涉及智能硬件方面的运用拓展，主要体现在智能手机、智能穿戴和智能机器人等。这些应用通过高效的运算能力，实现与其行业的深度融合，从而向人工智能产业链上游拓展。

11.2　三大盈利模式：推陈出新抢占市场

人工智能作为一项新兴的科学技术，有三大盈利模式，即通过卖技术、卖产品和卖知识产权。本节将对这三大盈利模式进行具体分析。

11.2.1　卖技术：与其他行业协同发展

想要实现大规模的获益，技术层面的高度发展是必不可少的。只有真正高品质的产品，才会有用户想要为此买单。下面就从人工智能技术服务的三个层级、意义和条件为大家详细解说。

1. 人工智能技术服务的三个层级

按照人工智能的技术层级进行划分，可将其分为三个层级，即基础层、技术层和应用层。在人工智能时代，各企业对人工智能技术的抢占也是基于这三个层面，并且有着清楚的层级关系。下面将对每一个层级的企业对人工智能技术的抢占进行介绍。

（1）基础层。在人工智能产业链的基础层面上，各大科技巨头都尝试推出算法上的平台，以吸引开发者的注意，来实现盈利。图 11–2 所示为基础层技术盈利的模式。

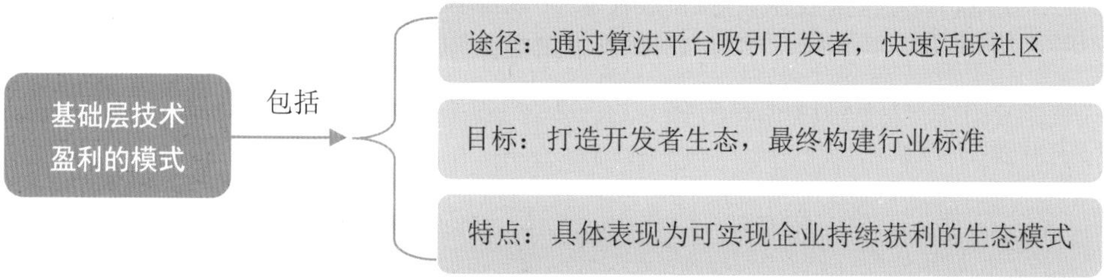

图 11–2　基础层技术盈利的模式

（2）技术层。在人工智能的技术层面上，创业企业采取深挖技术的方式来实现盈利。其实，这一层面的人工智能领域的企业盈利一般都是与应用层联系在一起的，都是通过对技术的深挖来实现应用的拓展以获取利润。当然，其中也不乏自身只是专注于技术深挖而不进行应用拓展的企业，对于这些企业而言，它们的盈利模式主要是通过将人工智能技术这一盈利资源与其他企业进行整合来形成行业解决方案以获取利润。

（3）应用层。当一个企业既拥有研发的人工智能技术，又有着海量的个人用户数据时，那么，这一企业的人工智能盈利模式明显是处于应用层面的。在这一模式中，企业盈利的实现是一个相较于基础层和技术层来说更高层级的盈利途径。

2. 人工智能技术服务的意义

人工智能技术服务既对盈利企业自身产生了影响，也对社会产生了影响。因此可从以下两个方面介绍人工智能技术服务的意义。

对企业自身而言，一方面企业通过为其他企业提供技术服务获取利润，这是从最基础的层面来说的，且这些获得的盈利是支撑研发人工智能技术的企业继续发展和进步的资源和动力所在。

另一方面，企业自身在通过为其他企业提供技术服务的过程中，可以检验技术的应用，找准下一步研发的方向。当然，在技术服务的实践过程中，企业技术研发能力的提升也将更加顺利和快速，在实践中获得的感悟将助力技术研发更进一步。

在企业自身之外，人工智能技术服务的意义可从两个方面进行介绍，一是对所服务的企业，二是对整个社会，如图 11-3 所示。

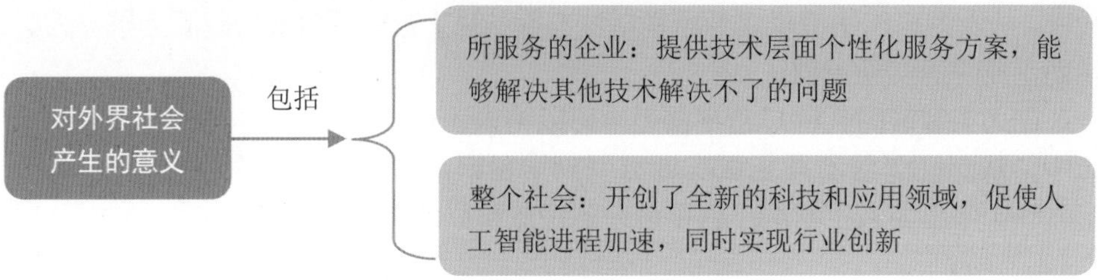

图 11-3　对外界社会产生的意义

3. 人工智能技术服务的条件

在人工智能迅速进入人们的认知和生活应用领域时，人工智能的技术服务也对企业提出了挑战。在这种情况下，企业应该找准“关口”条件，为人工智能技术服务的发展提供有力的支撑。

从这一方面来说，技术要想获得发展，就应该实现技术创新。因此，“技术创新”并不是单指技术本身的深度研发和发展，更重要的是体现在人工智能技术方法上的创新，例如集成化创新和跨学科创新。

集成化创新是针对人工智能技术领域内部而言的，它要求人工智能技术在应用中不以单一的计算理论和方法来提供解决方案，而是进行人工智能技术方法的集成。

跨学科创新是针对全部社会学科领域和行业而言的，它要求人工智能技术不能单一地以技术为准则来实现应用的扩大化，而是应该把人工智能技术融入其他学科和行业中，实现不同学科之间与人工智能技术服务的跨界融合，以使得人工智能技术能够更好地得以应用和解决问题，从而推进其他学科和行业协同发展。

11.2.2　卖产品：人与人交互更有价值

科学技术的进一步应用是制成可供生活和工作的产品，这也是各种科学技术获得盈利的方式之一，人工智能领域也是如此。利用人工智能技术所研发的产品被应用在各大领域中。

在社会生活和工作中，人工智能产品主要是作为一种辅助工具而出现的。如机器人，虽然称之为“人”，其实还只是在某一方面对人们的生活、工作起一种协助的作用，帮助人们提高工作效率或为人们提供生活便利。

而随着人工智能的发展，人工智能产品的种类和数量越来越多，其在市场上占有的份额也越来越大，人工智能产品逐渐渗透到人们生活的各个方面。

1. 网络广告＋人工智能

在网络广告营销领域，人工智能可以利用大数据这一人工智能基础进行用户画像，从而为广告主提供企业营销解决方案、解决方案平台或智能服务机器人等，帮助企业快速实现营销。

在人工智能时代的广告平台上，可以将人工智能技术融入广告投放的各个环节中，从而让消费者能更真实地感受到平台产品提供的各种个性化消费体验。图 11-4 所示为人工智能广告平台在各投放阶段的功能分析。

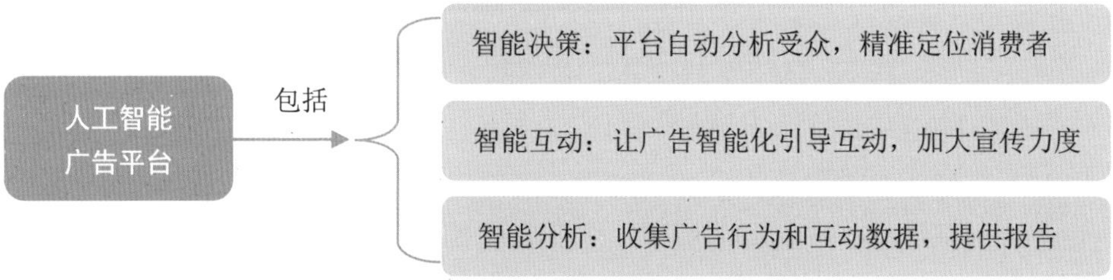

图 11-4　人工智能广告平台的功能分析

基于上述功能，企业可推出用于网络广告的智能服务机器人，从而实现线上线下的人工智能互动式媒介平台营销。图 11-5 所示为全天候智能户外广告机。在这样的人工智能产品的服务下，营销领域将迎来新的机遇和重大突破。

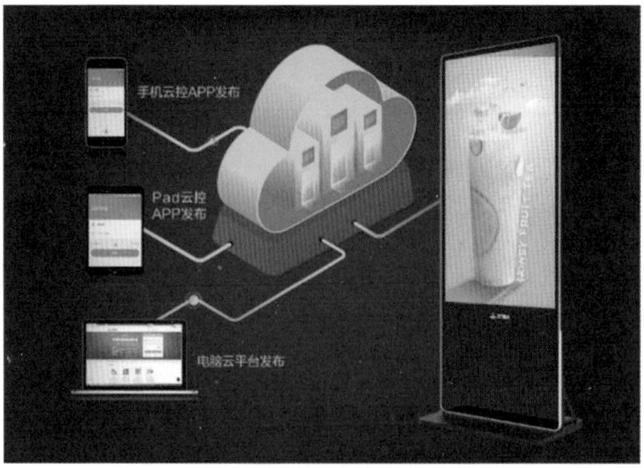

图 11-5　全天候智能户外广告机

全天候智能户外广告机能够通过手机云端发布，且具有智能分屏、智能控温和实时监控等多种功能。可见，在人工智能产品的辅助下，企业营销将依靠更真实、精准的智能化数据分析，为满足消费者的喜好和需求，提供个性化定制的广告体验。

2. 电子商务 + 人工智能

在人工智能产品应用悄然延伸到电商领域中时，电商领域发生了可喜的变化。那就是凭借着其产品自动化和智能化的特征，电商领域在跨境和跨行业交流两个方面将更加简单化，具体内容如下。

1）跨境交流更简单

在跨境交流方面，语言是一道必须克服的关卡，而人工智能可以为跨境电商的营销交流提供机器翻译，从而提高翻译质量，实现全自动本地化服务，让各方交流更简单。图 11-6 所示为飞利浦智能翻译机，搭载其强大的人工智能技术和语音交互系统，它可以实现至少 28 种语言的翻译，为人们的出行提供了便利。

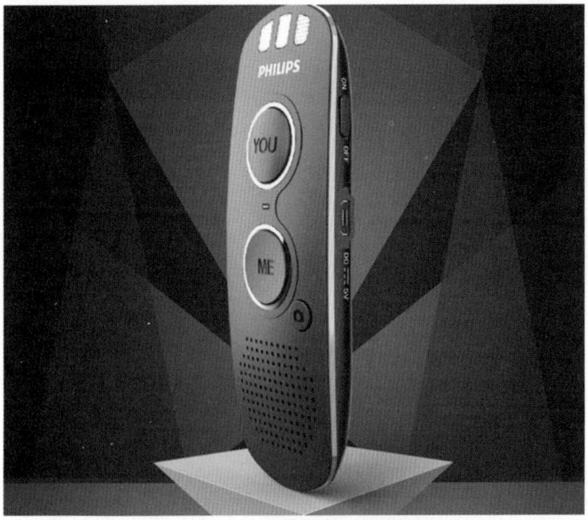

图 11-6　飞利浦智能翻译机

2）跨行业交流更简单

在跨行业交流方面，人工智能通过其不断扩大的应用领域，可以把众多行业领域囊括进去，奠定了电商营销的大数据基础。因此，在人工智能产品应用的营销环境下，跨行业的营销交流也将变得非常简单。

3. 社交软件 + 人工智能

社交领域工具的应用按照其功能进行划分，可分为四个阶段，即传统电话、手机、智能手机和网络电话。其中，智能手机的普遍应用，在为人们带来社交便利的同时，也使得社交在真实性上出现了偏差，在该阶段，人们更多的是以文字和图片的形式进行交流。

而随着人工智能和互联网技术的进一步发展，网络电话出现了。这是一种结合了智能手机优势与社交真实性而出现的应用。所谓“网络电话”，其实是一款可以进行社交沟通的 APP，它可存在于智能手机、电脑、座机和 iPad 等多种通信工具上。

对于广大手机用户来说，网络电话 APP 产品具有巨大的优势，它是真正实现智能社交价值提升的 APP。

例如，慧营销网络电话就是应用中的一例，如图 11-7 所示。在技术方面，它实现了多种人工智能技术和其他技术的结合；在功能方面，它可以通过占用更少的网络带宽实现高音质通话，还具有智能隐号功能。

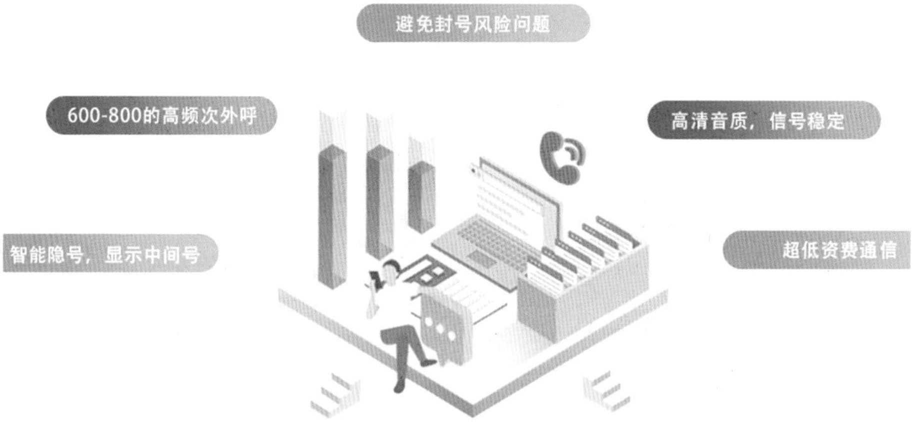
避免封号风险问题
600-800的高频次外呼
高清音质，信号稳定
智能隐号，显示中间号
超低资费通信

图 11-7　慧营销网络电话

基于其技术和功能方面的优势，慧营销网络电话打开了智能社交软件的另一个新天地，那就是实现优质的语音和低成本资费的通信服务。

11.2.3　卖知识产权：政府的政策支持

人工智能的盈利模式除了卖技术和卖产品外，还包括卖知识产权。下面就围绕人工智能在知识产品方面获取盈利的方法进行介绍。

1. 人工智能知识产权相关政策

人工智能是与人的智力劳动息息相关的，其所形成的科研成果是人们智慧的结晶，应当受到政策上的支持和法律保护。我国对人工智能知识产权所采取的支持政策包括以下两个方面。

1）发文支持人工智能的“三化”

所谓“三化”，即人工智能的产品化、专利化和标准化。首先明确对人工智能的各项标准化要求做出了规定，然后进一步提出了人工智能的产品化、专利化、标准化目标。

2）加紧布局人工智能关键技术

就人工智能的发展现状而言，我国在人工智能领域的成就主要表现在单元技术方面，如在语音、图像和人脸等识别方面已有了较高的发展水平，而对于那些处于基础、前沿地位的关键技术领域我们还存在欠缺，这也是我国人工智能发展迫切需要取得突破的重点问题。

基于这一发展情况，我国在相关政策方面对人工智能关键技术给予了支持，特别体现在科研上，对人工智能的核心技术取得研发突破，列举如下。

（1）移动芯片。

（2）位置服务。

（3）智能传感器。

（4）移动操作系统。

2. 专利保护策略的重要性

推动人工智能的发展，不仅需要通过踏实创新深化人工智能研究，以便打开未来市场的大门，还应该加大保护策略的力度，切实保护人工智能创新成果。而专利策略是保护人工智能成果的有效支柱。

同时，专利保护策略也是人工智能实现商业策略的基础。在社会生活中，人工智能作为一种技术，只有开放应用，才能实现其真正的价值。

因此，加大专利保护策略力度，是促进人工智能发展的重要途径。而从这一方面来说，必须在人工智能专利申请上加以重视。总体来说，就是针对人工智能创新成果多是跨学科的复杂性特点，在撰写专利申请时，要求撰写人应该注意以下几个方面。

（1）应该突出人工智能成果相关专利的创新方面。

（2）在技术细节方面必须翔实和进行深度挖掘。

（3）要重点结合技术创新点和具体应用场景去实现利润。

（4）应该合理地布局人工智能知识产权权利要求书。

3. 各企业的人工智能专利布局

人工智能专利布局不仅表现在国与国的竞争中，从更基础的层面来说，它还表现在企业与企业的竞争中。在这里，我们来介绍相关企业在人工智能领域的专利布局状况。

例如，旷视科技凭借着先进的人工智能技术，将深度学习技术作为企业人工智能布局的重要环节，专注于在算法层、算力层和数据层，打造自己的企业优势，如图 11-8 所示。

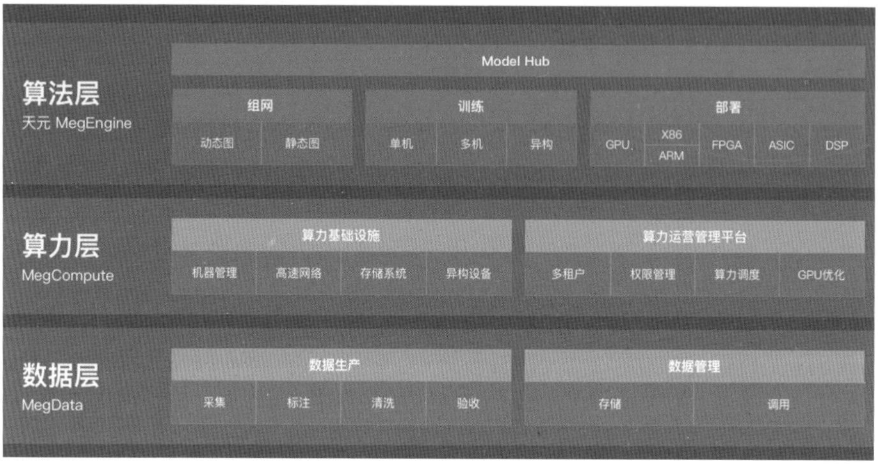

图 11-8　旷视科技的人工智能布局

旷视科技凭借其深度学习和人脸识别等 AI 核心能力，并融合一系列智能系统，例如门禁考勤和人车布控等，实现了智慧园区、智慧校园、智慧工厂和智慧社区的落地，如图 11-9 所示。

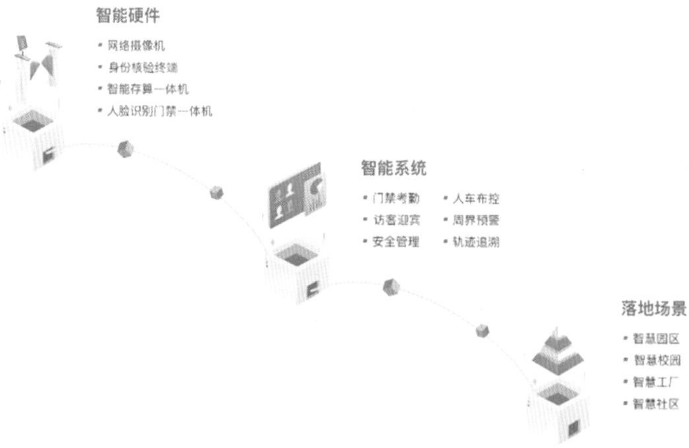

图 11-9　智能系统及硬件

旷视科技在智能硬件方面发展得十分优异，这也是智能云平台获取数据的基础。例如它的混合智能摄像头，如图 11-10 所示。以人脸识别为基础，AI 算法赋能的混合智能摄像头能够实现对车与环境的真实感知，可以应对复杂的场景，这也是旷视科技 AI 布局的重要环节之一。

图 11-10　混合智能摄像头

另外，旷视科技的天元 MegEngine 和自主研发的智能数据管理平台 MegData 是其两大核心系统。在此基础上，旷视科技在城市交通综合治理方面也做出了自己的一份贡献，如图 11-11 所示。

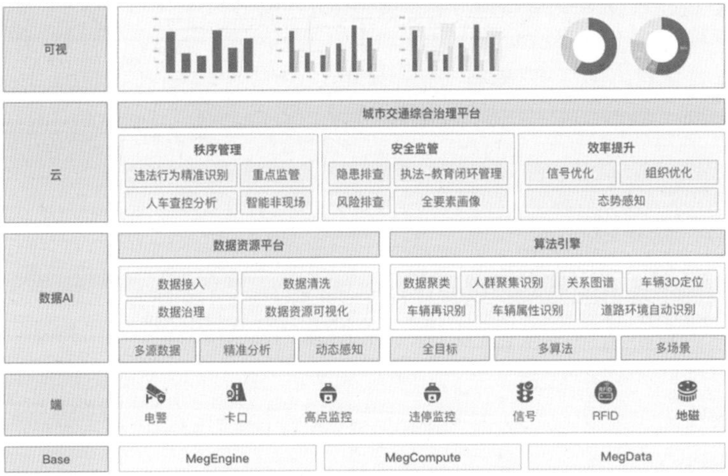

图 11-11　城市交通综合治理

除此之外，旷视科技的人工智能布局也体现在泛娱乐方面。不管是平行领域还是垂直领域，旷视科技可谓是商业领域的领先者。它构建了一条能不断优化和改进自己的自动化智能产业链，小到智慧园区，大到智慧交通或智慧城市，旷视科技一直在其人工智能的布局方面前行。

图 11-12 所示为旷视科技泛娱乐方面的产业布局。它利用人体识别、人像处理和图像识别等 AI 技术，打造了一系列美颜美型、相册聚类、物体识别、颜

值评分和情绪识别等产品，开拓了其在人脸应用方面的产业链。

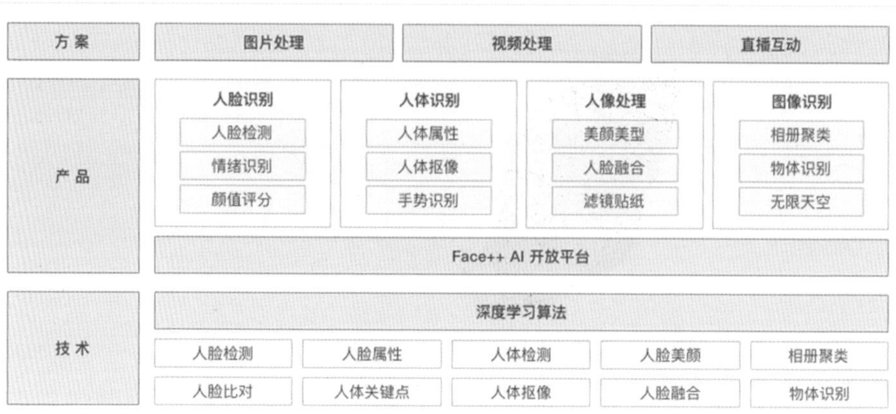

图 11-12　泛娱乐方面的产业布局

11.3　可喜的变化：AI 逐渐成为主流趋势

从广告内容的优化，到更有价值的数据，再到提高预测的把握，人工智能将逐渐地渗透到市场营销领域中，并带来可喜的发展变化，为营销创造一个全新的天地。

11.3.1　营销领域：AI 促进广告内容的优化

当人工智能被引入营销领域时，该领域内的各方面都将围绕人工智能发生改变。特别是营销的基础——广告内容，更是在人工智能的指导和帮助下，助力营销更快、更好地实现。

众多媒体也开始引入人工智能进行一般文案的撰写，这同样意味着人工智能的功能有了重大提升。

可见，在人工智能的引入过程中，广告文案的写作一方面凭借人工智能的智能化提升了写作效率，另一方面又在其帮助下利用海量数据准确获知消费者需求，创造了更具个性化的营销内容，使得营销效果更佳。

例如，国内的一站式智能写作平台——GET 写作，它具有四大 AI 创新功能，即智能推荐写作角度、智能改写和扩写内容、智能搭配标题和多维度解析文章质量。不仅能够优化广告内容，还能对文案进行智能纠错，如图 11-13 所示。其数据库中的海量模板能对大量文案进行内容整合，可以为用户提供新的思路，提高写作效率，带给用户全新的体验。

图 11-13　GET 写作智能检测

11.3.2　数据方面：AI 深挖更有价值的信息

在瞬息变化的市场上，大数据和人工智能的融合应用已经成为主流趋势，是市场营销发展的重要支撑。在这一融合趋势中，人工智能是大数据利用更有效、更有价值的基础。

人工智能使大数据更有效，主要表现在两个方面，一是目标客户的细分，二是内容的精准推送。其中，后者是前者的最终表现。

大数据结合人工智能，还能对市场的未来趋势做出预测，以便企业更好地掌握营销领域发展方向。

在数据爆炸的当今时代，人工智能是可以指引企业发现营销金矿的“先知”，其应用将会在营销领域产生不同寻常的效果。

第 12 章

人工智能：我们未来的新趋势

人工智能正在改变我们的产业结构和行业发展。和谐良好的人机关系，能够惠及各地区、行业和不同阶层的人群。但是，我们也应该客观看待人工智能带来的变化，以及思考它可能带来的问题。

12.1 未来发展：初步判断和反思

人工智能的发展将人们的双手从劳动中解放出来，更多地投入到创造性的工作中，给人们的生活带来了翻天覆地的变化，使社会得到正向的发展。人工智能技术在各个方面都有所应用，例如教育、医疗、交通、办公、穿戴和家居等各个场景，极大地提高了这些行业的运行效率。

12.1.1 教育与就业：体验未来生活

人工智能正在大规模地改变我们的生活方式，那么我们应该如何适应这种改变？对我们的教育与就业又会产生什么样的影响？

俗话说，教育要从娃娃抓起。当人工智能以迅雷不及掩耳之势，给社会各个产业和职位带来强有力的冲击时，这些生长在温室里的花朵如何面对未来产业的变革？学校应如何培养，才能让他们跟上时代的发展呢？

答案很简单，就是让他们亲身体验未来真实的生活，让人工智能出现在他们身边。例如，万聪教育就是个性化的智能学习平台，如图 12-1 所示。该公司自主研发了一套智能教学系统，集智能测评、考试、练习、学案和分层于一体，为学员打造了一套高品质的教学方案。

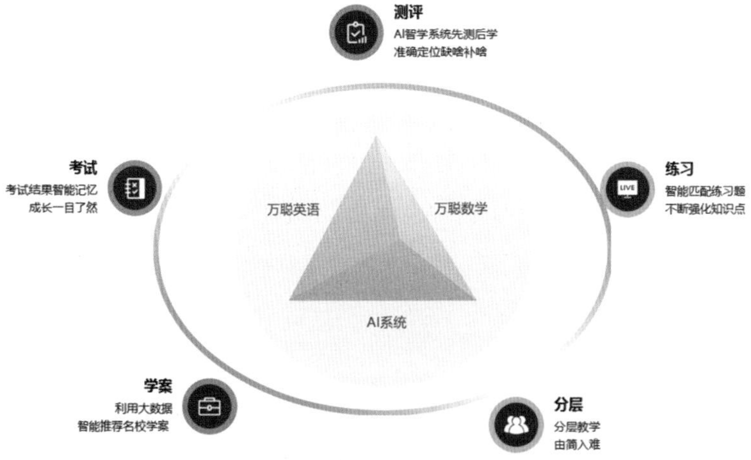

图 12-1 万聪教育的智能教学系统

万聪教育采用 3D 智学模型，可以为学员提供智能云个性化测试，线上线下协同配合，让人工智能伴随他们一起长大。同时，各大高校还开设了一系列与人工智能教育相关的课程，例如大数据、自然语言、神经网络和计算机视觉等，为人工智能的发展培养新人才。

让科技走进教学的另一种方式，就是为学生打造智慧教室。例如，网龙华渔企业推出的 101VR 沉浸式教室解决方案，如图 12-2 所示。

图 12-2 101VR 沉浸式教室解决方案

该公司将 VR 技术与教育相结合，为学生提供接近真实的学习方案。例如，在虚拟环境中学习汽车的构造和运作原理，甚至对汽车进行拆装、维修和重组。

专家提醒

教育是世界各个国家都非常重视的行业和领域，教育是否先进和完善，决定着一个国家的未来。所以，在社会高速发展的今天，国家不断加大科技在教育领域的投入，力图建设教育强国，而人工智能也开始了在教育领域的探索。

另外，随着市场的发展，社会岗位对人们的语言表达能力要求越来越高。口语评测是一种语音评测技术，利用人工智能的语音识别技术对口语进行自动化打分和语法检测。与传统的人工评测相比，语音评测不仅能提高评测的客观性和公正性，还能降低人力、物力成本。

目前，互联网上的口语评测平台有很多，驰声便是其中之一。驰声作为知名中英文语音评测企业，面向全体年龄阶段的人群，为他们提供语音纠错、智能打分和 AI 口语训练等技术。

除此之外，随着移动互联网和在线教育的发展，市场上出现了许多帮助学生解答题目的搜题软件，比如小猿搜题、作业帮、学霸君和阿凡题搜题等，如图 12-3 所示。它们通过图像识别和深入学习等人工智能技术来分析用户所拍摄的题目，然后将题目照片上传到云端，从而获取题目的正确答案和详细的解题思路，帮助孩子更好地学习。

图 12-3　小猿搜题（左）和作业帮（右）

这些软件不仅能够识别印刷的题目，也可以识别手写的题目。通过这种拍照搜题的方法，大大提高了学习的效率，培养了学生自主学习的能力。

人工智能的变革带来的不一定是部分人员的下岗，还有可能创造新的就业机会。例如，虽然百度大脑最新研发了客服机器人，如图 12-4 所示，但是这也并不意味着再也不需要人工客服。

图 12-4　客服机器人

相反，由于这些客服机器人的存在，需要上岗一批专业技术人员，例如智能系统操作和运维人员、物联网和大数据专业人员等，从而改变了职位结构，推动了产业变革，促使结构升级。

12.1.2 隐私与安全：预防信息泄露

人工智能技术的研发以服务人类为目的，所以如今市场上的人工智能设备更加倾向于为用户提供更加私人化和个性化的体验，这也逐渐成为人工智能未来发展的新方向。但是，人工智能技术更加依托的是网络的虚拟空间，在蕴藏着巨大商业价值的同时，也给人们的隐私和安全带来了一定的隐患。

专家提醒

近年来，人工智能设备越来越多地出现在企业或者日常生活中，随着使用时间的增长，数据存储会越来越多，若是被某些别有用心的人利用，将会给企业或者社会带来不利的影响。

例如，随着智能语音、图像识别和深度学习算法的愈加成熟，企业可以智能分析用户画像，对用户的身份和行为进行分析，来达到对用户精准定位，以提供更好的服务。

图 12-5 所示为腾讯推出的 FaceIn 人脸核身解决方案。它能够对用户的身份进行审核，常常被用于某些需要对大量用户身份进行核实的行业。

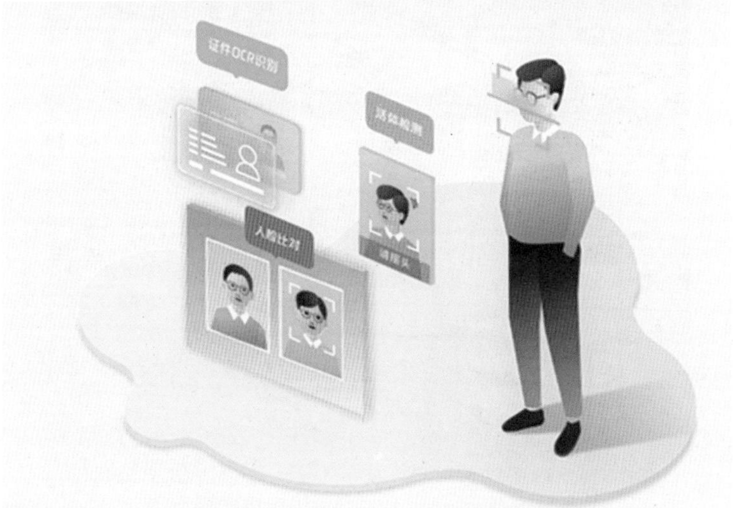

图 12-5 FaceIn 人脸核身解决方案

数据与技术本身是没有错的，但是该方案若是被不法人士盗用，就会造成用户信息的泄露，其后果不堪设想。所以，如何加强对用户隐私的保护，也是日后人工智能发展需要解决的问题之一。

12.1.3 社会公平：让更多的人受惠

人工智能作为新兴的产业，一直走在时代的前端。但是，由于某些客观原因，一部分人无法使用互联网，甚至不知道互联网的存在，对他们来说，就很难享受到人工智能带来的便捷体验。随着人工智能对人们文化水平和信息掌握程度的要求越来越高，这些人将会与社会的差异越来越大，这对他们来说是不公平的。

按照公正原则，技术应该让更多的人受益。所以，人工智能所带来的便捷应该让尽可能多的人共享。

12.2 行业方向：做出合理的决策

人工智能对行业发展的影响是巨大的。企业要适应这种技术上带来的变革，并做出合理、明智的决策。本节将针对工业制造、服务行业以及医疗行业具体分析。

12.2.1 工业制造：要做到生产自动化

人工智能的发展会导致一部分人失业下岗，其原因就是智能机器代替人类从事体力作业，尤其以工业制造领域最为突出。图 12-6 所示为自动化生产线。

图 12-6 自动化生产线

那些需要大量体力劳动的工作已经逐渐被自动化生产设备所取代，许多工厂的生产线上所需的工人大为减少，只有少量的工人负责机器设备的运行和维修。

随着人工智能技术的发展，工业自动化程度将会越来越高。

12.2.2 服务行业：要避免劳动力短缺

在服务行业，也出现了很多人工智能机器人的身影。在日本长崎，有一家名为 Henn-na Hotel 的机器人酒店，它的前台就是两只恐龙智能机器人，如图 12-7 所示。

图 12-7 两只恐龙机器人前台

该酒店除了旅客，有 90% 的工作人员都是机器人，且不同职位有不同种类的机器人，例如搬运行李、引导办理业务、打扫卫生和倒咖啡等工作都是由机器人来完成。图 12-8 所示为行李搬运机器人。

图 12-8 行李搬运机器人

该酒店的负责人认为，人工智能机器人将是未来代替劳动力最好的方式，能有效地解决人口老龄化和劳动力短缺的问题。在服务行业，智能化已经成为不可避免的趋势，各企业要抓住这次机遇，迎难而上。

专家提醒

日本机器人酒店的这种运营模式，既节约了人工成本，又提高了工作效率，是将AI技术运用于服务行业的成功尝试。各企业也要善于借鉴它的运营模式，做出自己的企业特色。

12.2.3 医疗行业：匹配更加精准明确

不知各位读者有没有看过《超能陆战队》这个电影，里面的主人翁“大白”，是一个集人工智能与医疗救护于一体的智能机器人，如图 12-9 所示。在电影中，故事的男主角有两次被“大白”抱住，一次是因为亲人的去世，另一次是因为他落水。从专业的角度来说，“大白”身上的摄像头和传感器，可以检测人类的体温、激素以及心脏的跳动速率等，所以“大白”通过调整自己的体温和智能语音等，和男主角对话，让男主角产生温暖的感觉。

图 12-9 《超能陆战队》中的“大白”

虽然现在的人工智能技术还无法达到“大白”那样的水准，但是许多企业在医疗领域也开发了自己的智能医疗系统。例如，百度研发的智能合理用药引擎，如图 12-10 所示，能够利用知识图谱技术，对患者的用药合理性进行深层次的挖掘，提高用药的合理度。

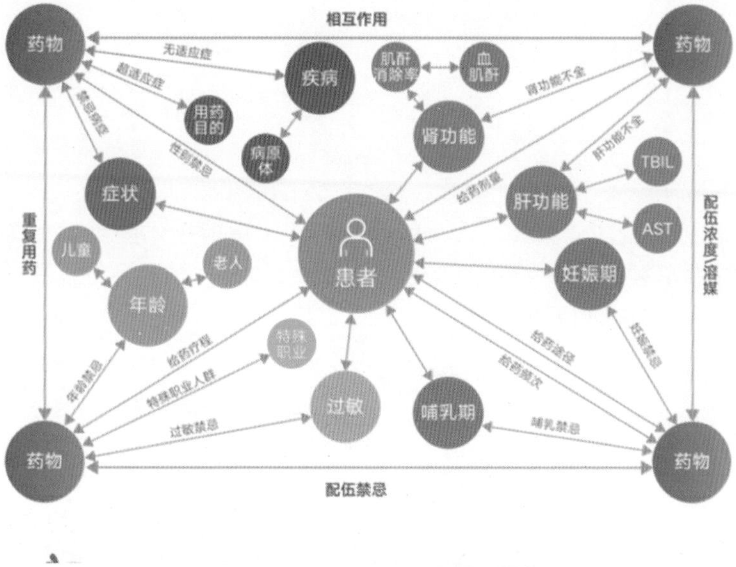

图 12–10　智能合理用药引擎

另外，根据自然语言技术和人工智能算法，百度还推出了智能分诊解决方案，如图 12–11 所示。当患者描述自己病情的时候，一般是采用口语化的叙述方式。但是，该系统能将口语化的表达转化为医用专业术语，并将症状逐一对应。同时，还能筛选出擅长该领域的医生，智能分诊，实现患者与医生精准匹配。

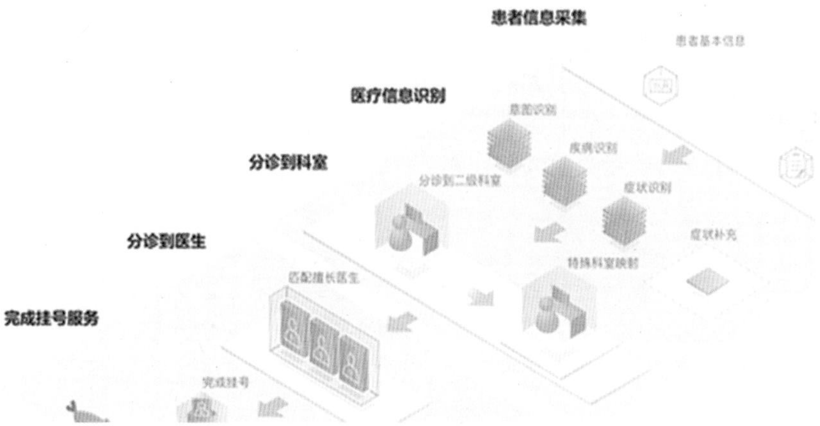

图 12–11　智能分诊解决方案

12.3 其他方向：影响人们的生活

本节主要讲述人工智能在军事和经济等领域的相关作用，以及人工智能技术在商业竞争方面的相关案例等内容。

12.3.1 军事领域：增强了作战能力

火药的发明结束了冷兵器时代，科学技术的进步带动军事的发展，人工智能也不例外。20 世纪 70 年代，人类就开始将人工智能技术应用到军事作战中。人工智能在军事领域的应用包括作战数据分析和预测、敌我目标识别、智能作战决策、模拟作战数据和无人作战平台等。图 12-12 所示为无人作战平台。

图 12-12 无人作战平台

人工智能可以促进军事武器和系统的发展和升级，增强军队的作战能力和国家的军事实力。但是，我们也要警惕，人工智能在军事领域的过度发展，一旦发生战争，将会对人类造成巨大的伤害。

12.3.2 经济发展：创造了社会财富

人工智能的专家系统深入各个行业，给社会带来了巨大的经济效益。人工智能促进了经济的发展，创造了更多的社会财富，但同时也产生了劳动力就业的问题。由于人工智能强大的可替代能力，造成了社会结构的剧烈变革。

12.3.3 商业竞争：技术的垄断问题

对于企业而言，技术垄断是商业竞争中的重要手段之一，可以为企业带来巨大的利润，保持企业的地位和竞争力。但与此同时，技术垄断阻碍了交流与合作，从长期来讲，不利于社会的发展。

虽然我国的人工智能技术与西方发达国家比起来，还存在着一定的差距。但是，目前人工智能领域还没有形成技术垄断的局面，我国在人工智能领域的发展前景非常可观，而且也取得了较大的进展和不错的成果。

例如，在智能语音方面，我国的各种手机品牌都有其独特的语音助手，比如小米的“小爱同学”、华为的“小艺”和 OPPO 的语音智能助手 “小布”，如图 12-13 所示。这几大品牌作为智能手机技术的领先者，其语音助手以人机高效交互的模式，让用户可以轻松实现休闲娱乐、网络查询和生活服务等功能操作。而且未来借助于自主研发的人工智能系统，语音助手还可以不断地学习和进化，实现人与机器的高度融合，让手机变得越来越智能。

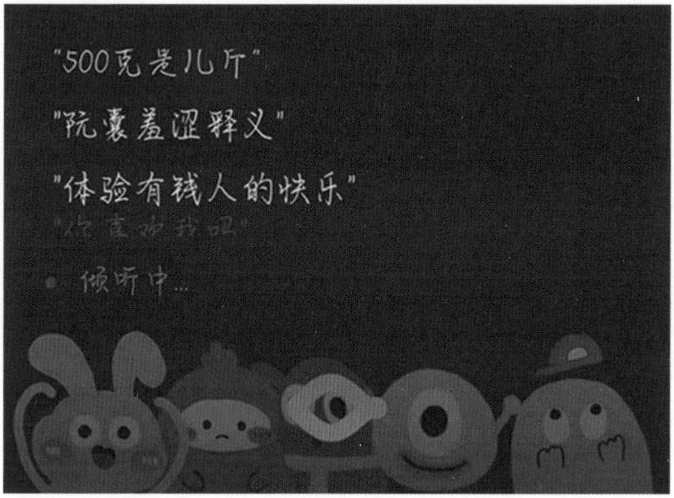

图 12-13 OPPO 的人工智能助手“小布”